道德为先，素质为要。
恪守职业道德，提升自我素养！

王玉娟 张 照◎编著

提升职业道德，为人生梦想保驾护航！

现代农民工
职业道德与素质教育读本

Xiandai Nongmingong Zhiyedaode Yu Suzhijiaoyu Duben

中国言实出版社

## 图书在版编目(CIP)数据

现代农民工职业道德与素质教育读本/王玉娟,张
照编著. — 北京:中国言实出版社,2013.8
　　ISBN 978-7-5171-0175-8

　　Ⅰ.①现… Ⅱ.①王…②张… Ⅲ.①民工－职业道
德－基本知识②民工－素质教育－基本知识 Ⅳ.①D422.62

　　中国版本图书馆 CIP 数据核字(2013)第 178870 号

责任编辑:李　生　　孙法平

**出版发行** 中国言实出版社
　　　　地　址:北京市朝阳区北苑路 180 号加利大厦 5 号楼 105 室
　　　　邮　编:100101
　　　　电　话:64966717(发行部)　51147960(邮　购)
　　　　　　　　04024050(总编室)　64963106(二编部)
　　　　网　址:www.zgyscbs.cn
　　　　E-mail:zgyscbs@263.net
**经　销** 新华书店
**印　刷** 北京市德美印刷厂
**版　次** 2013 年 9 月第 1 版　2013 年 9 月第 1 次印刷
**规　格** 710 毫米×1000 毫米　1/16　13.75 印张
**字　数** 201 千字
**定　价** 30.00 元　　ISBN 978-7-5171-0175-8

　　从上世纪 80 年代年开始,农民工作为改革开放和工业化、城镇化进程中涌现出来的一支新型劳动大军,在他们寻找就业机会的同时,也为城市带来了翻天覆地的变化。他们用辛勤的劳动为国家经济和社会发展做出了重大贡献,赢得了人们的尊重。他们已经成为我国产业工人的重要组成部分,是推动改革开放和现代化建设不可或缺的重要力量。培养和造就一支高素质的农民工队伍,已经成为保持和发展工人阶级先进性的客观要求。

　　作为发展中的农业大国,要想尽快从农业化过渡到工业化、科技化、智能化的轨道上来,提高员工的素质、提升员工技术技能,无疑是当前亟须解决的问题。特别是如何提高已经高达 2.5 亿人的庞大农民工队伍的职业道德和职业素质,促进他们转化成产业工人,更是当前职工素质教育的重中之重。农民工队伍日渐增大,已经成为我国产业工人的主体,他们的个人职业道德素质和职业水平直接决定着我国的工业化程度和经济发展的前景。而且,随着经济社会的发展、产业的转型升级,企业对职工的素质要求也越来越高。提升自己的职业道德和职业素质,使自己就业能力和竞争能力都越来越强,以适应要求越来越高、竞争越来越激烈的城市工作,让自己也能在城市中实现自己的梦想,获得成功,也是广大农民工的迫切愿望。

　　良好的职业道德和职业素质,不仅是我们每一个人驰骋职场、赢得竞争的通行证,也是我们每一个进城务工人员实现自我价值、追寻梦想和希望、创造业绩和成功的基石。虽然我们只是外来务工人员,但不管我们从事的是什么样的工作,首先要自觉加强职业道德修养,提高自身素质,才能适应城市和工作岗位提高的新要求。每一个务工人员都要把职业道德修养和职业素质的提升作为自己的工作准则,要按照我国《公民道德实施纲要》的要求,切实做到爱岗敬业、诚实守信、办事公道、服务群众、奉献社会,经常检查自己的职业行为是否符合道德规范的要求,从而使自己真正成为一个合格的、优秀的、卓越的、现代化新型产业工人!基于此,我们专门为农民工朋友编写了本书。

　　本书从提升现代农民工职业道德和职业素质水平为出发点,重点阐述了当前进城务工必须具备的基本职业道德和职业素质,紧扣《公民道德建设纲要》所提出的"爱岗敬业,诚实守信,办事公道,服务群众,奉献社会"的职业道德要求,深入探讨了良好的职业道德和职业素质对于企业发展、自我实现和在城市奋斗的关键作用,并着重强调了心理素质、健康素质、形象素质对于农民工成长和成功的意义。全书通过大量已经在城市建功立业、有所成就的优秀农民工真实案例和一些生动有趣的小故事,引领大家在轻松的阅读中自觉同他们对照,并更加明白该如何坚持好的东西,修正错的东西,创造新的东西,领悟到职业道德和职业素质的重要性,了解自己该如何去提升自己的职业道德和职业素质,从而使每一位来自农村的朋友都能成长为一名合格的、优秀的、成功的现代新型产业工人,让自己在城市的大舞台中实现自己的梦想,开创自己的美好未来!

# 目录 CONTENTS

## 第一章　重视职业道德修养:没有职业道德就不具备入职的资格

职业道德是所有从业人员在职业活动中应该遵守的基本行为准则,是社会道德的重要组成部分,是社会道德在职业活动中的具体体现,它所显现出来的是一种更为具体化、职业化、个性化的社会道德。作为一名称职的劳动者、现代农民工人,必须重视并遵守职业道德,这是我们进城工作入职的资格。

## 第二章　培养爱岗敬业精神:爱岗敬业是最基本的职业道德

爱岗敬业是从业者最基本的职业道德,是职业道德的核心。"敬业者,专心致志以事其业也"。爱岗敬业倡导的是一种敬业精神,它蕴含着奋发向上的进取意识,立足本职的踏实作风,热爱岗位的奉献精神等。培养爱岗敬业精神,让一切勤奋、努力与智慧在工作中闪烁出应有的光芒,给自己的人生交上一份满意的答卷。

## 第三章  弘扬诚实守信美德:诚实守信是职业道德的基本原则

人无信不立,业无信不兴。诚实守信自古以来就是立人之本、成事之本,更是一个现代农民工所具备的最基本的职业道德,是我们在职场上立身、立业的基础。没有诚信,就不可能有发展,更不要奢望成功。不管在哪里,我们都应当把诚信视为职业化的一种"常态"要求,用诚信开启人生的新天地。

## 第四章　坚持办事公道原则：秉持公道公私分明

　　"君子爱财，取之有道"，这句话的一个重要内涵就是要办事公道。办事公道是很多行业、岗位必须遵守的职业道德，其含义是以国家法律、法规、各种纪律、规章以及公共道德准则为标准，秉公办事，公私分明，公平、公正地处理问题。职场如战场，秉持公道才是坦途，切不可鼠目寸光，不顾正义，搞一些见不得人的阴谋诡计，断送自己的前途。

## 第五章　践行服务群众宗旨：以服务的态度尽职履责

　　服务群众是社会全体从业者通过互相服务，促进社会发展、实现共同幸福的一种现实的生活方式，也是职业道德要求的一个基本内容。作为一名进城务工者，要以"我为人人，人人为我"的道德观念，增强服务意识，转变服务观念，强化服务措施，从服务手段、服务内容、服务态度、服务环境等各个方面尽职履责。

**第六章** 树立奉献社会理念:甘心付出为社会做贡献

　　奉献社会是社会主义职业道德的最高要求。我们的工作都是社会的一部分,每个进城务工者,无论在什么行业,什么岗位,从事什么工作,只要他爱岗敬业,努力工作,就是在为社会做出贡献。当我们对工作忘我地全身心投入,任劳任怨,不计个人得失,甚至不惜献出自己的生命从事于某种事业时,我们的人生意义将因此而变得不平凡。

**第七章** 锻造良好心态:乐观上进传递职场正能量

　　务工的目的是什么?为了开创一份属于自己的事业。既然是开创事业,从这个角度来说,打工也是创业。因此,我们需要具备创业者的良好心态,在具体工作中积极培养自己的主人翁精神,用感恩之心投入工作之中,反对懒惰拖拉,让工作永远充满激情,面对失败时,抛弃借口,吸取教训,总经经验,努力改变现状。

## 第八章　注重身心健康：对自己负责对生命负责

　　在外出务工的过程中，面对激烈的工作竞争和生活压力，许多农民工在身体健康受到严重损害的同时，各种不健康心理现象也日益严重，心理障碍所引起的情感困惑、安全事故等问题时有发生。关注农民工身体和心理健康，促进身心和谐，不仅是企业组织需要认真对待的一项工作，而且是农民工自身修炼的必然要求。

## 第九章　促进社会文明建设，展现自己的良好形象

　　农民工在城市建设发展中的地位、作用越来越重要。他们对提高城市公共生活文明素养、维护公共利益和公共秩序、保持社会稳定方面的影响也越来越突出。促进社会文明建设，培养良好文明习惯，坚守社会公德，遵守行为规范，不仅仅有利于农民工更好地融入城市，更能展现出自己的良好形象。

## 附 录

# 第一章

## 重视职业道德修养：

## 没有职业道德就不具备入职的资格

# 1.

## 职业道德是每一个职业人最基本的素质

职业道德是指从事一定职业的人在工作和劳动过程中所应遵循的与其职业活动紧密联系的道德原则和规范的总和。职业道德是整个社会道德体系中的重要组成部分,它是社会主义道德准则在职业生活中的具体体现,是所有社会从业人员对社会所应承担的道德责任和义务。

从业者的职业道德是一个人综合素质的重要组成部分。它不是从业者的"豪言壮语",而是对职业及职业活动的态度和行为。比如,教师就应该"为人师表",医生就应该"救死扶伤",公务员就应该"公正廉洁",服务人员就应该"热情周到",商人就应该"货真价实"、"公平交易"等等,如果不遵守这些基本的道德标准,本行业与其他社会行业的关系就会被破坏,行业内部人员相互之间也会出现利益冲突。因此,为了维持和谐的社会劳动关系,每位从业者都应出于职业良心而担负起自己应该承担的责任,无论在什么情况下,都要认定自己所从事的职业是有意义和有价值的,是值得为之付出体力、智力和时间的。这实际上也就是一种对职业的美好情感。

对于我们广大进城务工的农民工朋友而言,在农村从事传统农业生产,可以靠经验,可以无拘无束,但到城镇从事现代工业、商业和服务业等劳动,我们必须用社会公德、组织纪律和职业道德来约束、规范自己的行为,不断提高自身的道德修养,做一个文明的务工者。这不仅是一个提高修养的过程,也是一个从平凡走向成功的过程。

　　王正旺，1973年4月出生于河南省唐河县。十几岁时，他就跟着亲友走南闯北、四处打工。他和其他在外打工的农民工一样，有着吃苦耐劳的精神，还有一颗善良博爱的心。

　　2000年，王正旺来到哈尔滨打工。到哈尔滨之后，他曾蹬过三轮车、看过大门、卖过糖葫芦、掏过下水道，他遇到困难时，是热情的当地人给了他很多帮助，才使他扎根哈尔滨。他靠自身的聪明能干并在当地政府的帮助下，先后成立了"流动人口老乡之家"、"爱心服务小组"、"进城务工妇女之家"等农民工组织，还开了一个经营手机修理和话吧兼家政服务的小店。他做生意有个原则，只要是农民工和贫困户找到他，劳务费分文不收。小店成为王正旺热心助人的"基地"。

　　2006年，王正旺看到有些老年公寓唯利是图，欺骗老人钱财，虐待老人，使得很多老人不愿进入养老院，心里很不舒服。他想开办一家让老人们感到比自家养老还舒心的老年公寓，于是王正旺贷款数万元开办了一家"迦南老年公寓"。他的收费标准是收支平衡就可以，贷款由小手机店慢慢还，绝不克扣老人的生活费。任何新入住的老人，都可以试住三天，在这试住的三天里，如果不满意他分文不收。在王正旺的公寓里面，老人们都说，在这儿住比在家里还要温馨和幸福。几年下来，他的老年公寓中已有三十多位老人，他和妻子无微不至地照顾着老人们、逗他们开心。

　　一位年过半百的哈尔滨市民近年连遭变故，先是患重病耗尽家财，接着妻子和他离婚并带走了他唯一的儿子。不久他又突患中风，做完手术后生活难以维系，前妻和儿子都联系不上，租住在一个破旧的小平房里，取暖、吃饭都成了大问题。正在绝望之时，这位市民在电视里看到有个叫王正旺的河南打工者乐于助人。他就试着联系了王正旺，没想到当天就见到了王正旺。第二天，王正旺给这位仅有一面之缘的哈尔滨市民带来了煤、米、面，还把自家的旧沙发劈成了木柈给他送来烧火。一个月后，这位市民病情加重，双脚不能走路，生活无法自理了。王正旺就把他接到老年公寓。

有一位绝症患者，下肢瘫痪，也没有劳保，一直靠低保生活，非常困难。她也是王正旺常年义务照顾的对象。以前她居住在妈妈家里，一切都由妈妈来照顾。后来妈妈得了心脏病，没有人能照顾她。正在没有办法的时候，王正旺伸出了援助之手，主动把她接到了老年公寓里面，而且分文不收，完全义务地照顾她。一个瘫痪的病人是很难照顾的，每天都要翻身很多遍，帮助大小便，还要帮她熬中药……王正旺和他爱人贾慧荣就这样一直默默地、无怨无悔地做着一般人不敢做、不愿做的事情。

类似的事情不胜枚举。

2009年的5月份，王正旺又大胆地做出了一个决定。他买了一部面包车，车名叫"爱心助老服务车"，他买车的目的，不是为了自己享受，而是专为孤寡老年人免费做服务的车。他每天开着车在外面转，无论遇到或者听到什么地方有非常可怜的孤寡老人，他都会伸出援手帮助，而且分文不收。有的孤寡老人病了住的是6楼、7楼，都是王正旺把他背下来，然后再送到医院。

2010年10月20号，好几家媒体正式向哈尔滨市民公布了王正旺的爱心助老服务车。一位家住宣化街的孤寡老人张大娘，因独居无人帮忙买秋菜，请求王正旺帮忙。半个小时后，王正旺自掏腰包买了一车秋菜，当他把萝卜、白菜、土豆送到张大娘家门前时，张大娘老泪纵横地说："要不是亲眼看到，我真的很难相信还有像你这样的好人！"

哈尔滨有一家专收农民工子女的"小雨点幼儿园"，因房子到期，面临困境。王正旺知道后，要尽自己的力量帮助"小雨点"渡过难关。他告诉园长，如果"小雨点"搬到离现在的地点比较远的地方，他将每天免费为孩子提供接送服务。他说："虽然我解决不了幼儿园的房子问题，但我可以解决他们的交通问题。"

王正旺还主动承包了34户"困难户"和"五保户"。逢年过节，即使是再困难的时候，王正旺也要给他们送去鸡鸭鱼肉，而自己却过着清贫的生活。王正旺常说："我要借我的一双手做一些贡献。假如我王正旺有一天发大财了，我能吃多少呢？我能穿多少呢？我能住多大房子呢？人生活在这个世上，就这几十年，怎么活都是活，我这一生要活得有意义、有价值，我要为更多人做贡献，给更多人带来幸福！"

在哈尔滨的十多年中，王正旺用一颗善良博爱之心，为这座城市做了无数件好事，用他朴实无华的品德，诠释了人生真正的价值。多年来，他相继被评为"哈尔滨市农民工劳动模范"、"感动哈尔滨十大人物提名奖"、"哈尔滨市职工职业道德建设十佳个人"、"黑龙江省道德模范"、"黑龙江省第七届职工职业道德建设十佳标兵"等诸多荣誉。

王正旺并不富裕，他不是百万富翁、不是企业家，他只是一个普普通通的进城务工人员，他没有自己的住房，没有固定收入，没有创业资金，但他却以一颗热诚无私的爱心来回报党和人民、回报社会大家庭对他的养育之恩。社会之所以能够有秩序地存在和发展，就在于有王正旺这样的人在自己的岗位上遵守一定的道德和法律规范，并无私地回报社会。

无论是在农村务农，还是进城务工，也无论是在城镇从事什么样的职业，我们都不仅仅是为了自己谋生，同时也是为社会做贡献。进城务工的农民与其他各行各业的劳动者一样，都同样肩负着建设祖国的重任。因此，进城务工的从业者除了具备吃苦耐劳的精神外，也需要加强自身的思想修养，提高思想水平，有正确的政治方向，有积极向上的精神风貌，有自尊、自爱、自强的人格特征，当我们面对脏、苦、累的工作时任劳任怨、兢兢业业地去做好，当我们有能力回报社会时，要充分发扬博爱的精神，无私地为社会做贡献，无须每个人都能成为"道德模范"、"职业道德建设标兵"，至少我们要做一个有道德、有素质的人，一个称职的职业化劳动者，一个让自己骄傲的现代农民工人！

2.

# 没有职业道德就不具备入职的资格

一个人在一生中,绝大部分时间都从事着职业活动,人的职业道德素质对成功的职业实践起着决定性的作用。一个没有职业道德的从业者是不可能有很好的职业发展前途的,甚至连最初的入职资格都不具备。

现代社会分工的发展和专业化程度的增强,市场竞争的日趋激烈,对从业人员的职业观念、职业态度、职业技能、职业纪律和职业作风等要求越来越高,对职业品质的要求甚至高过职业能力。与高学历、长期生活在城市里的从业者来说,我们广大的进城务工者本身就处于劣势,如果还缺乏职业道德的话,要想在职场中站稳脚很难,做出骄人的成绩更是可能性非常小。

社会之所以井井有条,是因为每个人都谨守自己的道德,每种职业都有它的规范。如果你没有基本的职业道德,不去遵守这些规范,就算你得到了进入职场的机会,终有一天也会被职场抛弃,因为你没有具备入职的资格。

春节过后,小方从农村老家来到上海后,由于没有什么技术特长,一时找不着工作。在一位老乡的帮助下,小方进入一家快递公司。这个工作门槛低,只要能吃苦不出差错,一个月的生活还是很有保障的。

小方辛辛苦苦地做了几个月,工作基本还算顺利。转眼到了夏天,每天在高温下工作,小方觉得太累了,开始对自己的工作有些不满了,总想着干一些来钱既快又不用太累的工作。有一天,小方接到一家商务公司的快递单。上海有一家公司为了给员工发夏季高温费,在这个商务公司的网站上订购了上百张各种不同面值购物卡。收到订单后,商务公司将这些卡放在信封里,联系到小方上门取件。小方送快递时,无意中发现未封牢的信封内装有大量的购物卡。他觉得,信封里有上百张卡,从中偷几张应该没有问题。因为之前用过这种卡,小方知道,只要知道卡号、密码,就能转移卡内金额,于是,他从中挑了8张金额较大的卡,刮开涂层,记下卡号、密码后原样送达。随后,小方将卡内5600元余额转至自己卡里,并将其中5000元余额以4850元的价格转卖。

购卡的公司很快发现有8张卡出现问题,于是向警方报案。警方判断,可能是在快递环节出了问题,根据快递单顺藤摸瓜,将快递员小方抓获归案。小方为此付出了沉重的代价,被法院以盗窃罪判处拘役5个月,并处罚金1000元;犯罪所得依法予以追缴。

快递,是网购繁荣幕后的重要推手,已成为都市白领重要帮手。遗憾的是,快是快了,但个别快递公司也在向盗窃团伙的方向发展。媒体披露,2009年以来,北京顾客收不到快递物品与快递公司之间的纠纷持续高发。

令人震惊的是,一半以上竟被快递员自己偷了!据北京海淀区检察院统计,近年来受理的快递行业盗窃案件,50%以上是快递公司的员工盗窃本公司负责运输的货物。办案检察官认为,快递运输行业盗窃案件产生的原因较多。首先一大突出表现是,快递从业人员的素质有待提高。快递行业之所以能在运输领域异军突起,在于货物取送的方便以及运输的快捷。这一优势离不开快递工作人员的辛勤劳动。由于快递员这一职业本身不需要高学历背景,不需要专业知识,这就使得这一行的门槛较低。

在调查中发现,绝大多数犯罪嫌疑人仅具有初中甚至小学文化程度,外来务工人员居多。年纪轻、学历低导致了快递人员整体素质不高,缺乏自控及辨别能力,极易受到诱惑而走上犯罪道路。这些人的行为不仅损害了消费者的利益,还影响了整个物流行业的信誉形象。

对此,中国快递协会已经开始研究在快递行业试行快递服务"黑名单"制度,发现快递企业员工偷盗快递中的财物,将纳入黑名单,5年内行业内所有快递企业都不能招聘其为员工,从根本上杜绝失信人员。这样一来,员工也相当于失去了在本行业找工作的第二次机会。

不容否认,快递员工监守自盗主要是利用快递公司监管上存在的各种漏洞,但是最根本的原因还是快递人员的素质问题,这些监守自盗的员工缺乏最基本的行业从业道德,被开除、被判刑、被纳入行业"黑名单",也是自作自受。可见,良好的职业道德是从业者在一个行业立足的基本要求。

快递行业如此,其他行业也是如此,没有哪个行业是不需要纪律和道德规范的。作为进城务工的从业人员,我们应该充分认识到职业道德的重要性,努力使自身的行为符合职业要求,对得起自己的良心。我们应该从那些名誉扫地的从业者身上吸取教训,深刻体会能不能违背职业道德,否则会有什么样的严重后果,会付出什么样的代价,是如何被社会与企业所不容,从而努力使自己警惕,时时提醒自己,避免做出不符合职业道德的事情,千万不要因职业道德的问题断了自己的外出务工之路。

## 3.

### 恪守职业道德是外出工作最重要的义务和原则

2013年初,中央电视台《焦点访谈》报道了连云港一群真假记者,对江苏或山东的一些企业和乡镇单位进行敲诈，敛财无数。无独有偶，浙江省金华市也曝出初中教师给学生"写露骨信"表白。一时间，"职业道德底线"成了舆论关注的焦点。

什么事情都是有原则、有底线的，不能突破。古人说"盗亦有道"，做贼的都有自己的职业道德，有自己的基本素质要求，遑论其他？

这个底线从哪里来？从自己来，只能来自每个人自己的道德观和道德感。所以底线是由道德来负责的，我们也称之为道德底线，这也是做人做事的基本义务。一份工作就是一份责任，一种职业就是一种义务，作为一名外出务工的从业者，你做了这份工作，就必须负起责任，承担义务，恪守职业道德。如果放弃了你的职业道德，放弃责任和义务，你也就放弃了工作的权利。

某种意义上，恪守职业道德就是做好分内之事，拿企业的薪水，做好分内之事本是"理所当然"的。可转念一想，倡导一种忠于岗位、忠于工作的职业精神，正是当下社会所急需。这是我们做人的底线，也是我们对社会应尽的义务。一个职业道德得到坚守的社会，虽然雷锋不会成群涌现，但"雷人"会大为减少；高尚的情操或许难得，但质朴的德行随处可见。

2012 年 6 月 12 日，《光明日报》报道了这样一个新闻：

近日，年仅 18 岁的河北临漳县砖寨营乡协王村男青年王俊旺，在河北省武安市打工时，为了避免滑坡失控的大型货车撞击其他工友和煤气管道，不顾个人安危，追随车辆强拉制动，不幸被车辆碾压遇难。

2012 年 6 月 4 日早晨 8 时许，王俊旺和工友一起在邯郸市武安市元宝山水泥厂进行大货车装货工作，王俊旺和另一名工友小潘在车上整理装好的钢管，其他工友在车下往上装。当装车工作进行到一多半的时候，停在坡道上的货车突然开始滑行。当时正是工人上班的高峰时间，货车正前方的厂区大道上有很多赶着上班的工人和车辆，前方还有一段煤气管道的支线，一旦装载钢管的大货车撞上去，后果不堪设想。

王俊旺感觉到货车异常，第一时间从车上跳了下来。看到大货车往前滑行，并且速度越来越快，王俊旺没有选择躲避，疾跑两步赶到驾驶室旁一把将货车的方向盘打偏，货车随之改变了前进方向。王俊旺两次试图跳上驾驶室阻止货车继续滑行，但都没有成功，在又一次往车上跳的过程中，一脚蹬空摔倒在坡道上，被货车的后车轮直接从头部、胸部碾压而过，当场遇难。随即赶来的司机跳上驾驶室拉上制动，避免了更大悲剧的发生。

现场的工友纷纷表示："当时坡道上人多、车多，装载了近一车钢管的大型货车从坡上滑下来，速度越来越快，冲击力越来越猛，如果没有王俊旺舍生忘死地及时把车的方向打偏，后果不堪设想！王俊旺才18岁，真是……"王俊旺的父亲王福印悲痛不已："没想到，俊旺外出打工才两个多月，突然就没了……孩子在关键时刻，做了他应该做的事！"

王俊旺的事迹经媒体报道后感动了中国，网友称其为"最美农民工"。河北省精神文明建设委员会也追授王俊旺"河北省道德模范"荣誉称号，号召全省人民学习道德模范的崇高思想品德。

《论语》中有句话叫"君子有所为，有所不为"，说的是做人的底线。当引申到各行各业的职业道德上，亦是同理。一个健康的社会也许未必能做到人人皆高尚，但若每个人恪守职业道德做好分内事，将工作视为义务、责任、底线，一旦需要你挺身而出时，你就会及时出现，承担起自己应有的责任。王俊旺就是这样的一个人：他很平凡，因坚守了岗位，践行了道德，而变得高尚，成为人们心中"最美的农民工"。

国有国法，行有行规，职场也有职场的规则。当我们走出家门，进入职场，所获得的每一份职业，都不仅是一个养家糊口的饭碗，它还有着自身一套内在的伦理要求和道德规范。我们需要暂时搁置务农时的经验讲究，要讲职场规矩、职业操守，要坚守职业底线，超越了职业道德底线，就如同我们在家务农时违背了季节的规律一样，终将颗粒无收。

## 4.

# 职业道德的基本内容和要求

随着现代社会分工的发展和专业化程度的提升,市场竞争日趋激烈,整个社会对从业人员职业观念、职业态度、职业技能、职业纪律和职业作风的要求越来越高,对于我们广大的农民工兄弟姐妹而言,要想在这种激烈的竞争中立住脚,成为一名职业化的城市建设者,更需要了解职业道德的基本内容和要求,严格遵守职业道德。

职业道德的内容主要包括职业道德规范和从业人员的职业道德观念、情感和品质。《中华人民共和国公民道德建设实施纲要》将其更加具体化:"要大力倡导以爱岗敬业、诚实守信、办事公道、服务群众、奉献社会为主要内容的职业道德,鼓励人们在工作中做一个好的建设者。"

(1)爱岗敬业

一份职业,一个工作岗位,都是一个人赖以生存和发展的基础保障。爱岗敬业是对人们工作态度的一种普遍的要求,在任何部门、任何岗位工作的公民,不论是当地的工人还是外来的农民工,都应爱岗、敬业,从这个意义上说,爱岗敬业是社会公德中一个最普遍、最重要的要求。

爱岗,就是热爱自己的本职工作,能够为做好本职工作尽心尽力;敬业,就是要用一种恭敬严肃的态度来对待自己的职业,即对自己的工作要专心、认真、负责任。爱岗与敬业是相辅相成、相互支持的。

提倡爱岗敬业,热爱本职,并不是要求人们终身只能干"一"行,爱"一"行,也不排斥人的全面发展。它要求工作者通过本职活动,在一定程度上和范围内做到全面发展,不断增长知识,增长才干,努力成为多面手。我们不能把忠于职守、爱岗敬业片面地理解为绝对地、终身地只能从事某个职业,而是选定一行就应爱一行。只有干一行、爱一行,才能认认真真

"钻一行",才能专心致志搞好工作,出成绩、出效益。随着市场经济的完善和人才的相对饱和,用人单位会倾向于选择那些踏踏实实工作,有良好工作态度的人。所以,干一行、爱一行对我们进城务工人员来说具有十分重要的意义。

我们进城务工的原因可能大不相同,但是我们的目标却是一致的,都想谋求一个好的前途,过上好的生活。对个人而言,这是私欲,要想满足个人私欲就得通过工作来实现,也就是说我们为生活而工作的,也是为工作而生活的,应当把自己的职业当成一种事业来看待,把自己的才华、能力以至于生命都投入到事业当中去,认认真真、毫不马虎。只有具备这样的思想意识,才能以从事本职工作为快乐,并从工作中得到应有的回报。

此外,爱岗敬业要贯穿工作的每一天,无论我们在什么岗位,只要在岗一天,就应当认真负责地工作一天。岗位、职业可能有多次变动,但我们对工作的态度始终都应当是勤勤恳恳、尽职尽责。

(2)诚实守信

诚实守信是为人处世的基本准则,是一个人能在社会生活中安身立命之根本,也是社会主义社会公民的职业道德之一,每一位公民、每个经营者,都要遵守这一基本准则。

诚实,是人的一种品质。这种品质最显著的特点是,一个人在社会交往中能够讲真话。他能忠实于事物的本来面貌,不歪曲事实,不隐瞒自己的真实想法,不掩饰自己的真实情感,不说谎,不作假,不为不可告人的目的而欺骗别人。

守信,也是一种做人的品质,就是讲信用,讲信誉,信守诺言,忠实于自己承担的义务,答应了别人的事一定要去做。

诚实守信的职业道德关键在于自我养成,从说真话、守时间、讲信誉等一点一滴的小事做起;要敢于对不讲信誉、不讲真话的行为予以批评、谴责;坚持做到"言必信,行必果"。

同样,不论从事何种职业,我们都要把"诚实守信"融入到职业道德的具体要求之中,使其成为一切职业道德的"立足点",提高我们的思想素质和道德素质,立足于企业,立足于陌生的城市之中。

(3)办事公道

办事公道是很多行业、岗位必须遵守的职业道德,其含义是以国家法律、法规、各种纪律、规章以及公共道德准则为标准,秉公办事,公平、公正地处理问题。其主要内容有:第一,秉公执法,不徇私情,坚持法律面前人人平等的原则,正确处理执法中的各种问题。第二,提倡公平竞争,不偏袒,无私心,做出公平、公正的决定。第三,一视同仁,不论职位高低、关系亲疏,一律照章办事。第四,在服务行业的工作中做到诚信无欺、买卖公平,不以劣充优、以次充好。

办事公道与否,关系到一个以什么为衡量标准的问题,需要我们具有一定的识别能力,热爱真理,追求正义,坚持原则,不徇私情,不计个人得失,不怕各种权势。

(4)服务群众

服务群众是为人民服务的道德要求在职业道德中的具体体现,是社会全体从业者通过互相服务,促进社会发展、实现共同幸福的一种现实的生活方式,也是职业道德要求的一个基本内容,是各个行业工作人员必须遵守的道德规范。

为人民群众服务实际上是做好本职工作的最直接体现,体现在工作中主要是树立全心全意为人民服务的思想,热爱本职工作,甘当人民的勤务员,对群众热情和蔼,服务周到,急群众之所急,想群众之所想,帮群众之所需,不断提高服务水平等等。

(5)奉献社会

奉献社会是社会主义职业道德的最高要求,是为人民服务和集体主义精神的最好体现。每个公民无论在什么行业,什么岗位,从事什么工作,只要他爱岗敬业,努力工作,就是在为社会做出贡献。如果在工作过程中不求名、不求利,只奉献、不索取,则体现出宝贵的无私奉献精神,这是社会主义职业道德的最高境界。

奉献社会职业道德的突出特征是:第一,自觉自愿地为他人、为社会贡献力量,完全为了增进公共福利而积极劳动;第二,有热心为社会服务的责任感,充分发挥主动性、创造性,竭尽全力为社会做贡献;第三,完全出于自觉精神和奉献意识。

奉献社会是一种对事业忘我的全身心投入,这不仅需要有明确的信念,更需要有崇高的行动。当我们任劳任怨、不计个人得失,甚至不惜献出自己的生命从事于某种事业时,我们将因此而变得不平凡。

我们广大的农民工朋友都应在职业实践中寻找和培养自己的职业道德定位,充分认识本职工作和社会意义,掌握职业道德的内容,树立起献身本职工作的决心,这样才能逐步形成职业责任感、自豪感、职业良心、职业理想以及职业道德品质,从而在行业中树立起良好的职业道德风尚。

# 5.

## 职业道德是从业者实现自我价值的重要保障

我们从农村进入城市,都是带着梦想而来的,如果一个人将人生理想定位在纯粹的个人利益追求上,那么,他很难在一个陌生的城市立足,可能一辈子因无法满足自己的欲望而苦恼。一个人只有将人生理想定位在为社会贡献力量的方向上,他才能拥有豁达的情怀和良好的心态,才有可能在为社会做出贡献中使自我价值真正得以实现。职业道德则有助于从业者正确定位人生理想追求。

一个从业者如果仅仅把职业道德看成是对自己的约束,那遵守职业道德就是一件让人痛苦的事;相反,如果一个从业者能够认识到遵守职业道德不是自我牺牲,而是自我实现,那么遵守职业道德就是对美好境界的一种追求。

一个从业者提高自己的道德和职业道德素养,既是社会的需要,更是个人的内在需要。我们想在大都市中生存下去,站稳脚跟,就要使自己的行为符合社会需要;我们要获得自尊,就要使自己的行为得到社会认同;我们要有所成就,就要使自己的行为得到社会嘉许。从这个意义上讲,职业道德不是外在的规范,而是从业者人格在工作中的自然流露。正是这种自然地流露过程,使从业者的个人价值在社会中得以实现,品性得到升华。

2012年6月,湖北省第十次党代会选举产生该省出席党的十八大的代表,湖北省黄石市黄石工矿集团胡家湾煤业分公司采煤工区党支部书记肖本平位列其中。

原本,他只是一位深藏地下760米的挖煤工人,但其身上金闪闪的荣誉却照亮了黑漆漆的煤井。尽管他不善言辞,但党的十八次代表大会却特意为他留了一个位置。煤灰尽染的他如何为自己披上了"金色外衣"?

1966年11月,肖本平出生在湖北省大冶市汪仁镇的一个农民家庭。上世纪80年代初,十几岁的他初中毕业后,在镇上小煤窑开水泵。1988年经人介绍,他和爱人吕细爱相识并结婚,不久,女儿和儿子相继出生。因生活压力陡增,他开始与煤亲密接触。每天下班后,他便到小煤窑拣煤挑到黄石卖,由于要翻山,一来一回要走个把小时。

后来,他所在的煤窑倒闭,便辗转到另一家小煤窑当起挖煤工。一天下午,肖本平所在矿井突遇塌方,工友不慎被井架掩埋。与工友只有1米之隔的肖本平,被一根横梁挡住了灾祸。千钧一发之际,肖本平死死抓住工友的手呼喊救命。可当工友被救上地面时,早已停止了呼吸。那一晚,肖本平第一次感到死亡与自己如此之近。当晚他彻夜难眠,始终在继续与逃避间徘徊。妻子紧握其双手说:"你用心去救他,他会保佑你的,如果确实不想干了就回来吧。"这句话,让肖本平的心得到了丝丝宽慰。几个小时后,他又上班了。

2002年,女儿和儿子都已到了上学的年龄。父母留下的老屋因年久失修,早已破得不成样子。一次下暴雨,家里大漏连着小漏,一家人搬出所有盆、桶,甚至连厨房锅碗都用上了,却依然阻挡不了漏下的小雨。当时,两个孩子在屋里打着伞哭成一团。被妻子喊回家的肖本平见此情景,长叹了一口气。半个月后他推倒老屋,在原址盖起一栋简易平房,因此借债两万多元。

同年5月,为生活所迫的肖本平经一位老乡的介绍,来到黄石胡家湾煤矿(现称黄石工矿公司胡家湾煤业分公司),成为采煤三区的一名挖煤工。从小煤窑一下跳到大煤矿,肖本平憧憬机械化流水作业,宽敞的工作环境和较高的工资收入。然而,传统的采煤方法、劳动工具、还有每月700元的基本工资,让他好几次都有一走了之的想法。好在挖煤的师傅们都鼓励他留下来,看着其他采煤师傅们在井下数十年如一日地辛苦劳作,都没叫一声苦和累,肖本平坚定了要在矿山干下去的决心。

采煤工是按出煤量拿工资的,按照当时的黄石矿务局采煤工定额标准,每人每月55吨。可是第一个月,肖本平就领到了1400元工资,这让所有工友都惊呆了。就这样,他坚持了下来。

在矿井里,挖煤工人被称为"小工","大工"是打眼、放炮、安支架的人。然而,不甘心一直当"小工"的肖本平在师傅的指导下,渐渐学会了打眼放炮。刚开始打眼,由于炮眼角度不对,他有几次将装好的树打垮了,弄得工友们付出双倍的工时。按照煤矿工作规律,没有三五年工作经验当不好打眼操作手,但肖本平"不信这个邪"。由于勤奋,肖本平用了仅仅半年时间,就熟练掌握了打眼、装杠子技术。进入煤矿一年后,肖本平被工友们推荐为组长。

2006年,采区一组生产量连续滑落。当年6月,肖本平被调任到一组当组长。在他的带领下,仅过了一个月,一组就超额完成任务,成为当年的采区"状元"。

煤矿工作,安全是重点,质量是关键。肖本平每天上班总是第一个到作业点检查安全,发现隐患及时整改。10年来,他个人没有一次违章操作、违章指挥。不仅如此,他还帮工友们纠正违章操作 100 多次,及时处理各种大型安全隐患 19 次,他所带领的采煤区连续 10 年工程质量合格率为 100%。

2008 年,肖本平当选为全国优秀农民工代表,在人民大会堂接受表彰。2011 年,他荣获"全国五一劳动奖章",再次在人民大会堂接受表彰。虽然集诸多荣誉于一身,职务也渐渐从普通挖煤工陆续晋升为班长、副处长、党支部书记,但他还是牢守着一个矿工的"本分":每月仍有 22 天要下到井下,和一线工友并肩工作,带领员工月月超额完成生产任务。

截至 2011 年,肖本平 9 年来下井 2925 天,采煤 11520 吨,按照黄石矿务局 1993 年采煤工定额标准,他九年干了十八年的活。9 年里,共上义务班 122 个,义务出煤 265 吨,义务创收 15 万余元。9 年来,他个人没有一次违章操作、违章指挥,他所在区队年年超额完成生产任务,安全上实现了零事故,质量达到省级标准化矿井标准,所在矿井持续 7 年无事故。

肖本平的成功不是偶然的,源自他对职业道德的坚守。当工友遇难时,他有过徘徊,最终坚持回到了自己的岗位;当工作环境恶劣时,他想过放弃,最终通过努力证明了自己的价值;当企业给了他平台时,他刻苦钻研,任劳任怨,主动工作,最终赢得了他人的尊敬。是什么让他取得巨大的成功?难道不是他的爱岗敬业和服务群众、奉献社会的精神所促成的吗?

不错,曾经的肖本平同许多最初走向城市的农民工一样,为生活所迫背井离乡,但是不管他走在哪里,都没有忘记做人的根本,他在追求梦想的过程中,一直坚守着一个从业者所能够遵守的职业道德,他对个人负责,对他人负责,对企业负责,对社会负责,这是一种情感的自然流露,这是一种高尚的品质,正是在这一无私的付出过程中,肖本平的个人价值在社会中得以实现,最终从平凡走向优秀。

# 第二章

## 培养爱岗敬业精神：
## 爱岗敬业是最基本的职业道德

# 1.
## 热爱工作，在哪儿都是为自己工作

在我们的生命中，工作是十分重要的部分，一个人 2/3 的时间都在工作，不论是我们在家务农，还是在城市里务工，都是为了自己的生计，为了家庭的生活。工作是我们的一种需要，来城市务工不仅仅是我们养家糊口的途径，也是我们实现自我价值的方式。我们希望赚更多的钱，更希望在挣钱的过程中改变自己一辈子务农的命运。从这一点来说，无论我们在哪儿工作，都要热爱自己的工作，将工作当成自己一辈子的事业。

实现自己的梦想，完成自己的事业，最好的办法是拿出爱岗敬业的精神对待自己的工作，这也是一个从业者应该遵守的最基本的职业道德。南宋思想家朱熹说："敬业者，专心致志以事其业也。"爱岗敬业倡导的是一种敬业精神，它蕴含着奋发向上的进取意识，立足本职的踏实作风，热爱岗位的奉献精神等。

我们经常说："今天不努力工作，明天就会找工作。"每一份工作都来之不易，所以我们应该本着"努力、努力、再努力，实践、实践、再实践"的精神，树立强烈的事业心，真心实意地爱上自己的工作。当你爱上了自己的工作，才会全心全意地为梦想而努力，才能给自己的人生交出一份满意的答卷。

　　黄进坤出生于江西婺源县一个偏僻的小山村，家境贫困的
他直到 19 岁那年才走出大山，入伍当了铁道工程兵。在部队的

大熔炉里，他努力掌握铁道兵的技术，由于出色的表现，不久就加入了中国共产党，先后被提升为班长、排长，后来根据组织上的安排，退伍回到了家乡，成了一名地道的农民。

再次回到大山里，黄进坤和大多数人一样，脸朝黄土背朝天地干起了农活。面对繁重的农活，他没有任何害怕，这是一个农民的本职工作，他很快成了做农活的好把式。只是不甘现状的他经常思考，难道就这样守着几分田地过一辈子？务农6年后，他毅然作出了一个抉择，他要走出大山去闯一闯。于是，他来到了铁道部十六工程局，利用自己在部队所学知识打工，这一干就是8年。

1994年，多年摸爬滚打的黄进坤又有了新的想法。他回到村里，东拼西凑筹集了8万多元钱，把村里的一些能工巧匠和体强力壮又有文化的青年组织起来，组建成一支建筑队伍，他要带领山里农民闯建筑市场。

不久，黄进坤承包了泉厦高速公路上一座造价50多万的通道桥工程。万事开头难。开头虽难，但他想，这是自己的事业，只要坚持质量不放松，努力学习新的知识，就没有做不好的工程，一个农民工照样也能干好大工程、大项目！

在施工过程中，黄进坤把在部队多年学到的识图、施工、核算、管理等一套技术知识全部用到高速公路建设上来，不仅做到边干边学，不懂就问，而且处处以身作则，最累的工种自己带头上，与大家同吃同住同劳动，既当技术员、管理员，又当施工员，以自己的模范行为带好了一班农民工。

当时负责项目的工程师多是一些刚从学校毕业的大学生，没有什么经验，桥墩与桥墩之间的高程问题也要测量十几遍，有时还不一定准确，他就使用水管通水的土办法进行平衡测量推算，一次成功，准确无误。他承建的通道桥进展最快，其他的施工队经常派人到他的工地上来学习。有一次，邻近的一个施工队在浇筑大桥空心梁时，由于没有掌握好关键技术，把30多根桥梁斜交角的方向全弄反了,指挥部里的几十名工程师都没有发现,他路过时及时指出了存在的问题,一下子为其挽回了30多万元的损失。

黄进坤带领的一帮农民工兄弟高质量地完成了所有工程的建设任务,并得到了专家的认可,为他们在业界内树立了很好的威望和声誉。有了这次的成功,他信心更足了,眼光更远了,决心也更大了。他认真地总结了经验,决定要向新的高峰攀登,向新的项目进发,向新的目标冲刺。

随后,黄进坤又承包了一宗工程劳务造价3606万元,涉及大小桥梁38座的特大工程。这么大的工程,工程量大、技术难度高,而且质量系数要求很严,接下来该怎么保证质量呢?黄进坤迎难而上,在他的眼里,每一项工程都是百年大计,他希望自己干的工程,能跟生他养他的苍茫大山一样,延绵、长久……

他就是以这样高度敬业的精神,对待人生中最为重大的工作。有的技术和知识不懂,他就一方面钻研书本,一方面聘请有关专家来指导、培训工人,细化班组管理。在施工中,他每天比工人们早到工地,晚上又要对工程一项一项进行检查验收,不放过任何蛛丝马迹,严格要求,并且明确质量管理目标,层层落实安全管理制度。由于狠抓质量,管理到位,文明施工,他多次受到了项目经理部领导和监理的表扬和嘉奖。工程完工后,被评为全优工程。

由于高质量、高标准地完成了这项工程,黄进坤和他的工程队在业内名气大增,许多建设方都主动找上门来找他施工,他接二连三地承建了多段工程,这些工程完工后,经专家验收反复论证,都被评为优质工程。

这就是他的事业,黄进坤将全部的精力都投入到这项工作之中。从2005年至2007年,他带领这支农民工工程队伍打入了上海大市场。要想打入上海大市场,没有过硬的技术队伍是不可能的,为此,他组织有施工经验的农民工进行工艺改良和创新，通过精心组织，潜心研究，用心操作，他们的创新技术结出了丰硕成果，在承建上海市工程中，共荣获 15 项大奖。其中《箱梁竖向预应力锚垫板预留孔上部压浆工艺》被国家科委评为科学技术成果奖，被中华人民共和国国家知识产权局评为省部级科技成果与国家级专利。就这样，他以过硬的产品质量敲开了上海市场的大门。

多年来，黄进坤带领着自己的农民工建筑队走南闯北，承建了高速公路上的大桥近百座，有立交桥、拱桥、吊桥、高架桥等，项目资金达几十亿元。他把建好每一项工程都视为生命一样对待，无论工程大小，都坚持以质量为生命，精心施工建设，创造一流业绩，先后获得国家多个部门的奖励，成为全国农民工的模范，全国建筑行业的佼佼者。

都说婺源是中国最美的乡村，婺源的山水是美的，人们到婺源去，就是为了找寻那种原始的美，而走出美丽乡村的黄进坤和他的老乡们，他们在自己平凡的工作岗位上创造的价值，又何尝不是一种让人心动的美呢！

爱岗敬业并不需要我们有多么过人的聪明能干，只需要我们像黄进坤那样全身心地去热爱自己的那份工作，认认真真地做好本职工作。只要我们能坚持这样做，即便一年不成功，3 年不见效，5 年也没有起色，10 年仍旧不成名，但我们离成功一定只会越来越近，我们的生活只会越来越美好。难道这不是我们外出务工的目的吗？难道这一切就对我们自己没有任何意义吗？

热爱自己的工作吧，不为他人，只为自己！

## 2.

# 忠于职守，敬重你的职业

我们在很小的时候学习思想品德教育时，就知道挑粪工人时传祥的事迹，时传祥通过自己一生的工作经历告诉我们：工作没有贵贱之分。然而，这个道理并不是人人都懂，现实生活中，总有一部分人容易犯心理错误，把职业划分为三六九等，觉得某一种职业"体面"，收入高，就认定这一职业适合自己，对于自己真正从事的这份职业毫无兴趣，经常哀叹英雄无用武之地。

人的价值并不是完全通过收入体现出的，况且社会也不会为某人专门设定一个岗位。就算是收入比较高的银行业，里面有坐柜台的，有当行长的，还有做保洁、保安的，每个人都有自己的岗位职责，各司其职，都会在自己的行业做出成绩的。因此，我们不必为自己的工作岗位感到"羞耻"，羞耻的是自己卑劣的思想。

我们广大进城务工的农民工兄弟必须明白这个道理。我们进城务工的农民兄弟中很多人因为文化水平低、缺乏地域优势等等，在城市中所做的大多是服务性质工作，有些活脏、累，工作环境也不尽如人意，但是这些活必须有人来做，如果我们自己心中对这些工作都不敬重，甚至认为不"体面"，那么又怎么能对工作产生感情，如何做到忠于职守呢？

思维决定行动，态度决定一切。敬重职业达到某种好与坏的程度，能够反映出一个人的品性。敬重自己的职业，就是要对待工作专心、细心、诚心。只有专心致志地投入工作，才能把全部心思和精力用在干好工作上；只有认真细致地对待工作，才能不断提高工作质量和效率；只有用真诚去做工作，才能在平凡的岗位上做出不平凡的业绩。

随着城市改造的深入，海滨城市大连的旱厕逐渐减少，挑粪工这个行业正在慢慢退出历史舞台，但是他们仍然热爱看似平凡的工作，默默无闻地为大连的洁净，日复一日，年复一年地奉献他们的热量。这个团队里有一个叫张弟的挑粪工，从 20 岁开始就将自己献给了挑粪事业，一干便是 17 个年头，用青春和汗水生动诠释了"宁愿一人脏，换来万人洁"这个环卫行业精神的深刻内涵。

长期以来，由于人们对掏粪工作的重要性缺乏了解，对掏粪工或多或少存在一些偏见，捂着鼻子远远躲开、紧闭门窗等伤害掏粪工人自尊心的情形时有发生。刚参加工作的时候，张弟心理压力很大，思想上一度起伏不定。他害怕外出工作，害怕被别人知道自己是个掏粪工，因此每到现场工作的时候，他总是把帽子拉得低低的，不敢抬头看人，生怕遇到熟人，当时甚至还动过辞职不干的念头，他这样躲躲闪闪地大概过了几个月。不久，一件事改变他对自己工作的看法。

有一次，单位组织大家一起观看《掏粪工人时传祥》的纪录片，他被时传祥的事迹深深感动，也充分认识到掏粪工作的重要意义，坚定了为此奋斗一生的目标。

从那以后，张弟认真对待自己的工作。为了更好地完成清掏工作，解决百姓生活难题，营造良好的市容环境，他每天早上 5 点出门，走访、巡视、宣传，细心统计辖区内各旱厕、弃管楼院化粪池的满溢周期，并根据调查情况制订出科学的清掏周期供领导参考。他的细心主动工作得到了领导的肯定，极大地提高了清掏工作的针对性，变"事后处理"为"事前防范"，提升了工作效率。

张弟每天上午挑粪，下午下池，不仅仅是脏和累，有时还特别危险。不少化粪池内常常产生大量的沼气，人在里面作业，时间长了会导致窒息，遇有地下管道堵塞，需要爬进地沟里疏通，情况更加危险。尽管脏、累、险俱在，可张弟面对工作，从来没有退缩。他说："苦和累都算不了什么，最怕的就是市民不理解。"

在张弟所在的所里流传着这样一句话："难产活喊张弟"。

由于工作出色,张弟在所里担任了班长,每当单位遇到困难、解决不了的任务,便会喊张弟前去解决。张弟从没给单位"掉过链子"。有一次,有位户主被自家下水道堵塞困扰数日,在张弟作业时提出"若解决堵塞问题,给1000元好处费",待张弟解决后,户主真的给张弟1000元,但被张弟拒绝了,张弟说:"这是我分内的事,不能额外要好处费"。

张弟最幸福的事就是回家跟妻子"炫耀"今天自己又帮助市民解决了什么难题,如何为单位赢得了荣誉。张弟妻子告诉记者,在她心目中,张弟是一个"工作狂",只要工作上有需要他的地方,他都会冲到第一线。

因为是一个"工作狂",张弟把大部分时间给了工作,很少陪家人。熟悉张弟的人都有这样一种感触:"张弟是一个把工作当事业来干的人。"他把平凡的清掏疏通工作当成了自己的事业,踏实肯干默默奉献。

为了保证百姓反映的生活难题能在第一时间得到尽快解决,张弟主动提出随时待命的"要求",他说:"我在外来务工人员中年纪是最小的,体力各方面也都还允许,有什么急活、难活先让我去吧,我的手机会24小时保持开机,保证随叫随到,请领导放心。"

别人家的活,从没有隔夜的,自己家的事情却是一拖再拖。张弟家没有下水道,下水管直接接在一个水桶里,张弟的爱人跟他说过无数次,让他疏通一个下水道,张弟将妻子说的事牢记在心,可是却心有余而力不足。他的工作一天下来,几乎要工作到14个小时,很晚才回家。往往是在班上时劲头十足,下班回家双腿就像灌了铅一样。张弟每天早出晚归,使得下水道的事一拖近两年。

每逢过年过节,很多人要回老家过年,单位需要人值班,张弟肯定是第一个主动要求留在岗位上,他已经数不清有多少年没回老家过春节,记不清有多少次带病坚持工作,也记不得有多少次本来答应了女儿要去开家长会后又因临时有事而去不了。

刚开始,家人对张弟一心扑在工作上,对家庭疏于关心的做法甚为不解。然而由于张弟的执著和无怨无悔,家人也渐渐被张弟的精神感化,他的妻子张淑梅也在张弟的动员下于2001年9月成为一名公厕保洁员。

张弟虽然文化水平不高,但是他在工作之余仍然坚持抽空学习理论知识,凡是看到、听到与本职工作相关的内容,他就特地进行收集整理。对于学习到的理论知识,他还经常进行琢磨,用理论知识来指导实践工作。在国家倡导构建资源节约型社会的大环境下,他适时地向相关领导提出作业工具实名制管理的建议,并被领导采纳,实现了作业工具实名制管理,定期定量分发,这不仅降低了磨损率,节省了开支,还培养了外来务工人员爱护工具的意识。

多年来,张弟忠于职守,默默无闻地奉献着,也得到了他所在的城市——大连市群众和政府的认可,多次被评为“先进个人”、“大连市劳动模范”等荣誉称号。多年来,张弟一直将这些荣誉证书当“宝贝”一样收藏起来,从不轻易拿出。这些证书对他来说无比珍贵,因为这是对他工作的一种认可。

面对荣誉、面对夸奖,张弟说:“全国劳动模范,环卫工人的楷模,掏粪工人时传祥是我的榜样,我所做的这些根本不算什么,我会继续努力,让时传祥的精神继续发扬光大……”

世界上没有卑微的职业,只有卑微的人。张弟每天身处脏臭的工作环境之中,但是他的精神却是纯洁无瑕的,他的行为是美丽动人的,他的形象是高大无私的。不管我们做什么工作,我们都得敬重自己的工作,以敬业的心态来对待工作,我们就能兢兢业业地做好它,也就能以快乐之心来享受它,那么,工作一定可以做到最好。

有敬业之心,才会忠于工作,忠于工作方能坚守岗位,坚守岗位才能做出成绩、得到认可。

## *3.*

# 兢兢业业,对工作精益求精

　　古人说得好:"三百六十行,行行出状元。"每一份工作,都有它的技术性,也都蕴藏着成功的机会,就算是机械性的流水线操作,也有多道工序,一个工作方法的改进都可对提高工作效率产生意想不到的效果。切不可轻视了自己手中的工作,要兢兢业业,对工作精益求精。

　　每一份工作都有它存在的价值和分量,即使你刚开始并不了解这份工作,甚至不喜欢,也要尽一切能力去改变自己的态度,去热爱它,并凭借着这种热爱去发掘内心蕴藏着的活力和巨大的潜力。事实上,你对自己的工作越热爱,干好工作的决心越大,工作效率就越高。当你抱着这样的心态和热情去工作时,工作就不再是一件苦差事,你就会从中获得乐趣,从而能激发自己的潜力,将工作技能发挥到极致。当你对工作得心应手时,你一定会成为一个好员工,也会为自己所创造的成绩感到惊讶。

　　杨敬双是青岛市数以万计的纺织工人中极为普通的一员。他1987年出生在即墨市灵山镇,地道的"80后",中专毕业。就是这么一个不起眼的"80后"、"第一代农民工",却夺得全国纺织行业纬编工职业技能竞赛冠军。

　　说到自己的成绩,杨敬双都会脸红。回想那次全国比赛,他仍历历在目。

　　2012年下半年,纬编工首次在全国范围内进行的技术大比武。虽然在选拔赛中,杨敬双一直是即墨市、山东省的冠军,但他和第二名的成绩一直相差毫厘,省里的第二名与他只相差0.03分。等到了全国的比赛现场,面对来自五湖四海的强手们，杨敬双不免有些紧张："咱们不具备主场优势。头一天刚坐了7个小时的长途车，旅途劳顿还未完全消除，第二天上午就要考理论知识了，下午10分钟时间适应场地，才发现比赛用的机械不是常用的型号，平时用的是56路和60路的双面罗纹机，比赛用的是76路双面罗纹机。"第三天技术比武，杨敬双虽然有些担心，但是凭借着自己熟练的技术技能，最终在来自全国12个省份84名决赛选手中脱颖而出，一举夺冠。

台上10分钟，台下10年功。在挡车工行业里有个不成文的标准：要当好一个挡车工，从不懂到懂，要花1年的时间；从懂到精通要用三四年时间。杨敬双的成长并非一帆风顺，他也经历过这一过程。

2004年8月，企业管理专业毕业的中专生杨敬双应聘进入即发集团颐和公司，他没能从事管理工作，而是成了一名一线工人。不是自己想做的活，而且年轻，玩心重，杨敬双对工作并不积极，结果出过好几匹疵点布。

2006年发生了两件事，彻底改变了杨敬双的心态：一是即发集团组织工人们进行技术比武，有些成绩好的工人直接晋升为管理人员；另一件事是他恋爱了，爱情的力量让他重新审视自己，他要做一个有责任的男人。从那时起，杨敬双痛下决心，一定要在岗位上干出名堂来！

从2006年开始，但凡即发集团内部评优，杨敬双一次也没落下。全年无织疵，即全年没有废品布，这是一个挡车工技术技能、工作效率、责任心最大的体现。颐和公司250多工人，每年能做到全年无织疵的仅有20人左右。对公司而言，疵点出得越少，就越节约成本：一匹布20公斤，1个疵点约占布长20厘米，约200克，1公斤棉纱价格约37元，1个疵点、200克布约为7.4元；每天一个班的一个挡车工能织20匹布，如果一匹布出一个疵点的话，20匹布共有疵点布4000克，成本约为148元。也就是说，挡车工织布时一匹布少织一个疵点，就为公司节省7.4

元，一天就为公司节省 148 元。

一线挡车工劳动强度大，像杨敬双目前操作的双面罗纹机，一般挡车工能同时操作六七台就算多的了，但他却能同时操作 9 台。一台双面罗纹机上有 60 多个纱轴、3800 多根针，9 台机械就是 540 多个纱轴、3 万多根针。

为了提高操作效率、降低疵点率，杨敬双几乎请教遍了周围的老同事，除了看同事们的操作，他还自己琢磨着改进。他认为，熟能通其巧，精能通其妙。他结 5 个尾纱最快的速度是 13 秒，也就是说，不到 3 秒钟，杨敬双就能结 1 个尾纱。工作中，他用 8 到 10 分钟就能结 30 个尾纱，然后看一遍其他车有没有出现问题，再回来结剩下的 30 个尾纱。杨敬双还练就了一副好手感，光凭手感摸针，他就能挑出规格不同的那根针，但针和针之间也许只差零点几毫米。

为了练技术，杨敬双没少流汗，甚至都急哭过。那还是刚出徒不久，有一次，杨敬双织的布上出现了散花针，这种疵点最不容易看出，1 米宽的布面上会出现类似于小米粒似的不规则的、纵向小空隙，隔了几米才出现一个，杨敬双停机检查，却总也找不到准确的疵点位置，但倔强的他坚持自己找到疵点。

杨敬双并不满足于所获得的全国冠军，为了将工作做得更加出色，他有了新的职业规划是向管理方面发展。他身边同事的成长轨迹给了他启发：同去参加全国纺织行业纬编工职业技能竞赛、获得第四名的于发先比杨敬双小 1 岁，2007 年高中毕业后进入即发集团颐和公司和杨敬双在同一个车间工作，他早已自学出企业管理的大专文凭了。师傅迟克彬中专毕业，为了降低生产成本，顺利完成订单，和其他两个工友一起，利用 3 个晚上的时间，紧急攻克技术难题，研究出了化纤品种毛针解决办法，节省了换针资金，提高了坯布质量。

身边的榜样既是杨敬双前进的动力，也是他踏实工作的定心丸。为此，杨敬双平日在家里，从没有撂下过企业管理专业的学习，看书、上网看学习视频，是他每日必做的功课。在单位，除了织好布，做好挡车工，他还开始学习维修技术，他也想像师傅迟克彬一样，用新技术为公司赢得更多的订单，实现更高的人生价值。

无论什么样的工作，都有其价值，我们选择了这项工作，就应该有专业精神，竭尽所能，以最好的职业态度做好这份工作。这是一个职业人立足职场的基础，是认真负责的表现，更是事业成功和人生快乐的保障。

我们大多数农民工兄弟并没有过硬的技术，要想在职场中站稳脚本来就是一件难事，况且还要面对各种各样激烈的竞争，稍不注意就有被职场淘汰的可能。这就需要我们认真对待每一份工作，兢兢业业地做好工作，将"敬业"升华到"精业"，最大化地激发自己的潜能，在工作中做到精益求精，让自己永远处于竞争的前列。

敬业不易，精业更难。台上 10 分钟，台下 10 年功。成功没有捷径，将工作做到尽善尽美是需要我们长期的努力和付出。但是，我们的努力和付出是必需的，也是有意义的。只要具备爱岗敬业的精神，将工作做"精"，就能够在平凡的岗位上干出一番事业来。

## 4.

## 创新思维，成功属于勇于开拓者

21 世纪，人类社会进入了全球化的创新经济时代，创新取代了古老的比较优势，成为当今世界经济竞争的基础。在国家大环境下，创新已经无可替代地成为了企业竞争战略的核心。企业只有基于创新制定战略，才能获得持续竞争的优势,而创新的动力源自善于创新的员工。

对于当今的职场人士而言,创新已经成为一种必不可少的工作能力,当这种能力体现在日常工作过程中时,就是爱岗敬业的具体表现。对于我们农民工兄弟而言,外出务工最大的挑战不是职场残酷的竞争,而是日复一日、年复一年、平淡而又极其平凡的普通日子,能否在旷日持久的平凡工作中感受到伟大,在重复单调的过程中享受到丰富的生命,才是对我们生命质量最严峻的考验。

世上没有永远不变的事物,当你找到一份工作想以此为终身职业,希望在此干上十年二十年,直到自己告老还乡,但是企业答不答应、老板答不答应皆是未知。很多时候,我们只是一厢情愿,要想掌握工作的主动权,我们只有不断创新,不断进步,让企业、老板在十年后、二十年后,仍然觉得我们是一个对企业有贡献的员工,如此才能在企业永久性地站稳脚。

事实上,当你真的在工作中证明了自己,在企业站稳脚、生了根,你也就是一个爱岗敬业的好员工,你也找到了生命真正的意义。因为,只有创造价值才是创造者的价值所在。

常州宝菱重工冷加工技术推进中心副主任张永洁就是一位价值创造者。年仅38岁的他已经获得了一连串令人眩目的荣誉:"宝钢集团公司十佳智能型员工"、"常州市劳模"、"江苏省五一劳动奖章获得者"、"全国机械行业劳动模范"、"全国劳动模范"等等。但是,他的起点却只是一个普通学徒工。进厂16年来,张永洁以自己不懈的努力,一步一个脚印地走出了实现自己人生价值的求索之路。

1995年,张永洁从技校毕业进入宝菱重工,被安排在大型龙门铣床上当操作工。因公司发展和人才培养的需要,公司选派他赴日本三菱重工学习数控机械加工技术。回厂后,他将在国外学到的先进加工技术应用到实际操作中。在借鉴国外先进加工技术的基础上,不断总结、实践,并通过自学,将数控理论知识与他日积月累的加工经验相结合,总结出一套独特的加工技术,不仅编制出一套用螺纹铣刀铣削大螺孔的宏程序,还撰写了一篇《大直径内螺纹数控铣削编程研讨》的论文。他提出的"三点找正法",消除了大件自重引起的扭曲变形,达到直线找正的目的。他创造的新加工理念的快速铰孔等新技术,使公司的机械加工技术达到了一个新的高度,为公司的发展做出了贡献。

2008 年,宝菱重工创立了"张永洁创新工作室",由他担任大件分厂生技管理中心(张永洁创新工作室)主任。他推动小组开展改善活动,通过小改小革,不断创新,始终把公司的"降本增效"放在首位。

张永洁将自己的业余时间几乎全都用在创新上。为了提高刀具工作效率,他主动联手制造商研发相关刀具进行攻关。在他们的共同努力下,价格只有国外同类产品 1/4 的新刀具问世了,新刀具不仅满足了工件高速加工的要求,而且产品加工质量也得到了明显提升。同时,他还参与了许多工艺改善,利用自己的小发明、小创造解决加工难题,不仅提高了产品质量,提升了工作效率,还降低了刀具成本。他们参与的将废旧插刀片重新利用一项每月就降低成本 26000 元。他们开展的油库改善小项目,既降低了劳动强度,也改善了作业环境,消除了安全隐患。

2012 年,张永洁担任公司冷加工技术推进中心副主任。他又成为公司 CNC 化加工的推进者。他经过创新,使典型零件效率提高 30% 以上,典型机台 CNC 化率达到 60% 以上。同时,他积极进行攻关总结提炼,通过运用"三点确定一个平面"的几何原理,创新设计出"三点找正法",形成具有自主知识产权的国产化创新工艺技术,"一种重型零件扭曲变形消除法"和"一种重型零件弯曲变形消除法"已获国家发明专利申请受理。采用这项创新的工艺技术,可有效消除重型零件在加工过程中的扭曲和弯曲变形,保证牌坊加工精度和装配要求。

加工过程中,长度为 10m 的牌坊吊装到机床工作台上时,常常会和预想的放置位置至少有约 100mm 的偏移量,必须进行重新吊装、千斤顶调整，并用百分表确认偏差。往往需要经过反复吊装、调整，才能达到要求，实现找正。加工前调整准备时间太长，生产效率低下，调整时也易发生安全事故。为了改进这些工作，张永洁通过工艺试验，创新设计、制造了重型工件平移装置和机加工红外线直线找正装置，形成了具有自主知识产权的专利技术。采用重型工件平移装置和机加工红外线直线找正装置，平均缩短找正时间约 1.5 小时，精确度可达 1mm，提高生产效率 60% 以上。"重型工件平移装置"已获国家发明专利申请受理，"机械加工红外线直线找正器"已获国家实用新型专利申请受理。

牌坊上有很多大直径螺纹孔，精度要求高，传统的加工通过钻底孔、丝锥攻丝完成。由于产生的扭矩较大，加工效率低、刀具损耗大、螺纹易烂牙、加工精度达不到图纸要求，合格率为68%。张永洁通过工艺创新，设计了"大直径内螺纹铣削加工法"，采用螺纹专用切削刀具，应用数控编程走圆切削加工，提高了螺纹加工精度和加工效率。该创新工艺技术不受螺纹结构和螺纹旋向限制，加工螺纹直径尺寸调整十分方便，螺纹孔加工合格率为 100%，应用此项技术，不仅能保证螺纹加工精度，而且提高了螺纹的加工效率，具有很高的推广应用价值。

在张永洁的努力下，公司目前已形成了具有自主知识产权的六面螺纹加工宏程序软件，向国家版权局提出"内螺纹数控铣削自动程序编程软件"登记申请，已获受理，保证内螺纹加工标准化、程序化。同时大型轧机牌坊高效自动化加工技术开发获江苏省第四届职工科技创新三等奖。

张永洁和他所带领的团队也在这种劳动创造中体验着创造价值的快乐，由衷地自豪："劳动光荣、知识崇高、人才宝贵、创造伟大"。

我们的目标不是人人都能成为科学家、发明家，至少我们要有创新的勇气，不要因为自己地位低，就自我窒息创新的头脑。工作就是不断面对问题，进而解决问题的过程。在工作的过程中，千万不要怕问题，要乐于接受各种挑战，坚决丢弃"不可行"、"办不到"、"没有用"等思想渣滓，只有用创新的思维解决了这些办不到的事情，才会得到他人的认可。

机会往往存在于平凡的工作之中，当我们沉下心来认真工作，才会发现工作中的种种不足，找到创新的机会，因此，爱岗是创新的基础，创新是敬业的表现。

一个善于创新、一个勇于创新的现代农民工才有资格拥有成功。就看你是否愿意做那个可能拥有成功的开拓者。

# 5.

# 脚踏实地，从基层做起

有一年，创维集团人力资源总监到北大招 MBA 毕业生时，开出了"不低于 2000 元月薪"的承诺，引来的是一阵笑声。是创维付不起钱吗？还是他们小气？都不是。创维集团管理层的老员工，年薪是 30－50 万，连他们的业务员，年薪都在 5 万左右。这位人力资源总监只是希望这些北大的高才生能以一月拿"2000 元月薪"的普通员工的心态对待工作，不要眼高手低、心浮气躁，要脚踏实地，从基层做起。

"为什么就不能从基层做起呢？"这不是创维集团一家企业所面临的问题，也是所有企业提出的共同问题。

浮躁是当前社会普遍存在的一种心态。上世纪 90 年代时，当我们的父辈外出务工时，他们为了生计还会踏踏实实、认认真真地工作，随着时代的变迁，当"第二代农民工"外出务工时，我们有了更多的梦想，不再局限于生计,这是一种进步,然而在思想进步的同进,我们的身上明显缺乏了父辈那种实干的精神,很多人不再愿意从基层做起,希望进入企业的管理层,希望拿更多的薪水,有一个更"体面"的工作。

水往低处流,人往高处走。谁都想生活好些,可是我们不要忘记了西方的一句名言:"罗马不是一天建成的",那么我们是否可以说"万里长城也不是一天垒成的"?路是从低处往高处走的,任何成功都需要打下基础,只有从基层一步步走上来,我们的步伐才会更加稳健,事业才会更加牢固。

张高中,奥康集团二分厂厂长,这位职业高中毕业的小伙子,在被评为百佳"新温州人"后,又从人民大会堂捧回了"全国优秀农民工"的荣誉。从一名普通工人到厂长,张高中脚踏实地干了近20年的时间。当他是一名员工时,他自学技术,成为公司上下人人皆知的"好把式";当他晋升为厂长后,他精于管理,成为公司"好管家"的典范。

1994年,张高中职业高中毕业后,随老乡来到财富与传奇并存的温州。初来乍到,没有任何技术的张高中只得从小皮鞋厂的普工做起,但他很快开始明白一个道理:出门在外只有凭一身本领或技术才能获得更多报酬,拥有自己的天空。于是,他总是比别人多一点、快一点,苦活儿、累活儿、脏活儿抢着干。而且他开始留意身边老师傅的制鞋工艺,下班了也会一个人留在车间琢磨。

这一干就是7年,这期间,张高中不仅掌握了夹包、锤鞋、前帮机等制鞋的大部分技术,而且还成为了前帮机操作的师傅。

2000年4月,张高中凭着过硬的技术,被奥康集团招聘为帮机技术工。在这一行业工作多年的张高中自认技术不错,可是进奥康后他很快发现,原来自己所学的东西并不精,经常做出些不良品和不合格品。经过艰难的自我调整后,他开始端正态度,充分利用业余时间刻苦钻研,虚心听取车间主任和其他老员工的指导。功夫不负有心人，他的制鞋技术愈加精纯，再加上他与人为善的性格，很快得到公司领导的赏识，只过了一个月他就被推选为成型线主任。

当上管理者的张高中，一样是个目标笃定的角色。2003年，奥康集团组织相关人员到意大利参观制鞋工艺后，决定对现有成型工艺流程进行改造。时任成型线主任的张高中坚信制鞋业只有学习别人的长处，改变自身的缺点，才能在将来的竞争中立于不败之地，就主动接下了改革工艺试点的重大任务。

改革工艺试点在张高中所属的二分厂顺利推行，通过车间全体人员的一起努力，3个月后产量比原来增加了30%，人员减少10%，成本消耗明显降低，员工收入平均提高30%，员工工作积极性大大提高。2005年，由于工作业绩突出，张高中被提升为二分厂厂长。

从老家来到温州的近20年间，张高中坦言自己收获了很多，他感谢企业给予的平台，他也十分清楚，如果没有自己的努力，没有脚踏实地的付出，自己也不可能取得今天的成绩。目前，他正朝着更高远的目标进发。

我们从农村到城市务工，当踏上火车的那一时刻，心中就应该十分清楚，我们在他乡很多优势将荡然无存，我们就是来努力工作，打拼属于自己的一片天地的，我们应该尽可能地把自己的姿态放低，愿意从最基层做起。只有拥有了这种低姿态，我们才能沉下心来认真做事，才能虚心认真学习，才有可能实现自己的梦想。

基层代表一种经验。万丈高楼平地起，空中是建不起楼阁的，什么事情都是从基础做起的，很少有成功者没有经历过基层的磨炼。从基层做起，方能知道成功的真谛。

*6.*

# 认真专注,执著追求必有收获

我们外出务工都不缺乏一个目标,不管这个目标是暂时性的还是长远的,不管这个目标是挣钱还是立足城市,我们都要朝着自订的目标努力,持之以恒,方能取得成功。

总结那些取得成功者的经验,我们不难发现,他们都有一个重要的特征,就是对于自己所从事的行业认真专注。目标是自己的,工作平台却是别人提供的。要想实现自己的目标,就得利用好别人提供的工作平台,专注于自己的工作。如果你几十年做同样的一件事,你就能把它做好做精,你在这个专业领域就有了发言权;就有了别人无法取代和超越的地方,你也就牢牢地站稳了脚跟。自然,你也会从中得到丰厚的回报,并且还有闲暇的时间去享受生活的乐趣。

1998 年,陶猛从老家湖北黄梅县五祖镇农村来到省会武汉,这一年他才 17 岁。12 岁时,陶猛的母亲不幸去世,作为家中长子,他看着靠一双残手支撑着这个家的父亲,还有两个年幼的弟妹,懂事的他默默放下书包。两年后,14 岁的陶猛背上铺盖卷,跟随村里的长辈跑到江苏宜兴打工。

跟千千万万个进城打工的农民一样,小学文化的陶猛开始只能在建筑工地当小工,拎泥桶、拌砂浆,干最累的苦活儿,拿最少的工钱。一天下来,胳膊像灌了铅,腰也直不起来。苦干了 3 年,他才有机会跟着师傅学镶贴。与其说是跟师傅学,不如说是靠自己在一旁偷偷地瞧。边"偷学"边实践,陶猛很快从一名小工变成了有一技之长的镶贴工。

靠着这一点点"偷"来的手艺,陶猛辗转于多家建筑工地,勉强维持生计。

2002 年,经老乡介绍,陶猛加入家装"正规军",成为武汉一家装饰工程公司的镶贴工。

有了公司的平台,陶猛突然间感到世界似乎打开了另一扇门。以往当马路"游击队",仅凭肉眼估摸,瓷砖糊上墙,不掉就行,而在正规的家装公司,面对一沓沓施工图纸、技术参数,各种各样的检测仪器,陶猛才知道:原来"活儿"还可以这样干!

陶猛好不容易才学来一项手艺,他不想就此放弃,他也喜欢自己的这项工作,他决定一切从头再来。在一个个施工现场,工友们中午要么睡觉,要么打牌,他却拎起瓦刀,在一旁练抹灰、磨边、接缝,手指磨破渗血,他裹上生胶带咬牙干。老师傅砖贴得好,姿势、动作都很轻巧,他在一侧细心揣摩,寻找窍门。累了一天,下班回到出租屋,他还翻看起《镶贴工须知》《砖瓦工工艺学》等专业书。对于这么一项简单的手艺活儿投入如此大的精力,妻子十分不解:"一个泥瓦匠,假装什么书呆子。"

"我一定要成为这行的大师傅!"痴迷镶贴,勤学苦钻,让陶猛手艺日臻成熟。他所镶贴的整墙瓷砖,不仅平整光滑、严丝合缝,而且棱角完好,颜色均匀。客户看了他做的工,纷纷点名请他施工,他成了公司的"标杆"。

"干一行,爱一行,专一行,才能干出些名堂!"这是陶猛的心里话。每次镶贴,碰到不同的天气、不同的原材料,他都要因地制宜,进行个案分析;每次贴好瓷砖,都用泡沫,把瓷砖的阳角保护起来,避免被撞坏;他还推翻"墙砖压地砖"传统理论,独创"具体镶贴具体压"操作方法。

很多老师傅切割瓷砖时,一手拿切割机,一手拿瓷砖,极易切坏瓷砖。他专门设计发明木板固定器,固定好瓷砖再切;按国家标准,瓷砖缝隙误差可在 3 毫米内,他自我要求 2 毫米内。

陶猛练就的一手瓷砖镶贴绝活,屡次让他在技能比赛中获得大奖。2006 年,他获评为高级技师职称、"湖北省技术能手"和"湖北五一劳动奖章",2008 年获评"武汉市技术能手",2010年获评"武汉市技能大师",并成为湖北省装饰行业唯一的一名"首席技能大师"。

现在,陶猛一家 4 口租住着 2 室 1 厅的房子,虽然不是很富足,但也很满足。1998 年来武汉至今,从刚开始的蜗居工棚,到现在的单独租房,一家团聚。陶猛用一双手、一把瓦刀,镶贴着自己的"幸福生活"。十多年来,他共为数万户家庭装饰新房。他也梦想着在武汉买房,为自己的家贴瓷砖。

的确,"农民工"、"高级技师"、"技能大师"、"五一劳动奖章",这几个相互间看似毫无关系的身份,却被黄梅小伙子陶猛,用一片瓦刀"砌筑"在一起。当他专注于自己的工作时,幸福的生活也开始专注于他。

"干一行,爱一行,专一行,才能干出些名堂!"这不光是陶猛的心里话,应该成为我们每一位外出务工的农民兄弟的心里话。如果我们真能做到"干一行,爱一行,专一行",不仅能成为陶猛式的"技能大师",还能成为国有企业的"技能教练"。

郑秋林,中油吉林化建工程股份有限公司培训中心焊接教练。22 岁那年,郑秋林从吉林蛟河农村老家来到企业,通过自己的不懈努力,从一名农民工逐步锻炼成工人技师,成为中油化建农民工晋升工人技师的第一人。

1994 年,单位安排读了一年职业高中的郑秋林参加了中油化建电焊培训班。从此,他便把全部心思都用在焊接上。白天在工作岗位上焊接,晚上别人歇息了,他还在琢磨着焊接的方法和体验。学历不高的郑秋林深知自己理论知识匮乏,他从每月不到 100 元的工资里省出几十元钱来买焊接技术书籍。清晨,当人们还在熟睡时,他已经在自学焊接技术书籍了。

2000 年,郑秋林在参加第二届原吉化集团公司岗位明星选拔赛中战胜了所有对手，夺得冠军。2002 年 7 月，在第四届原吉化集团公司岗位明星选拔赛中，他再次获得冠军，并成为中油化建农民工中第一个晋升工人技师的人。2003 年 5 月，他在吉林市职工职业技能选拔赛中，获得焊工组第三名，被授予"吉林市技术能手"称号。2004 年，他代表中油集团公司参加全国职业技能竞赛焊工选拔赛，以精湛的技术获得第九名。同年，参加吉林市职业技能比赛，夺得第三名，被吉林市技术协会聘为高级工人技师。2006 年，农民工出身的郑秋林成为中油化建培训中心焊接教练。2008 年 10 月，郑秋林作为教练组成员之一带队参加中油电焊工职业技能竞赛，荣获团体总分第三名的好成绩。

这一串串闪光的荣誉背后，聚集着他的专注付出。大型储罐横缝自动焊接技术在国内尚无成功经验可借鉴，他和他的技术研发小组经过多次研究实验，成功研发出大型储罐横缝单面焊双面成型自动焊接技术，这项技术成果目前已在工程施工中得到应用，降低了施工成本，减少工时 20% 以上。

十多年来，在他所参加的二十多个国内外工程项目建设中，完成的关键部位、关键设备的焊接，从来没有出过差错，被人们称为"干保险活的典范"。作为焊接教练，他先后带出一批批高技能型作业人才，为企业培养出五百多名合格的焊接技术工人。


小专注，小奇迹；大专注，大奇迹。事实证明，要想取得卓越的成绩，唯有专注于自己的工作。

梦想是美妙的。但是，不管有怎样美妙的梦想，怎样精美的构思，要取得成功，还必须有实实在在的努力和行动。只有空洞的梦想和意愿，却不愿意付出艰苦的努力，最终就会像我们农村所养的"不产蛋的鸡"。

成功之路无捷径，专注不懈见成效。看准了目标，那么就将你的精力集中在自己的目标上吧，这是成功的前提！

# 7.

## 勇挑重担，责任至高无上

工作就意味着责任。在社会中，人的一生都会承担着各种各样的责任，角色不同，责任不同，父母、孩子、妻子、丈夫、朋友……每一个角色都有一份责任。同样的道理，在职场上，我们每个人都承担着不同的工作，有着不可推卸也不能逃避的责任。

一个不懂得负责没有责任意识的员工，是不可能把工作做好做出成绩做出效益来的，因为在他的心里，根本就没有一个想要做好工作的想法，没有半点要做好工作的意识。这样的员工会经常出纰漏，而且出了纰漏还不愿承认，左推右拖，不敢也不愿承担责任。试想，这样的员工，有哪一家企业敢用？又有哪一位老板敢让这样的员工来担当大任？

我们出来工作，都希望有一个好的前景。工作不负责任会给你的老板带来损失，但损失更大的还是你自己。一些人费很多精神来逃避工作，却不愿花相同的精力努力完成工作。他们自以为骗得过老板，其实他们愚弄的是自己。老板或许并不了解每个员工的表现，或许不熟知每一份工作的细节，但是一位优秀的成功者很清楚，对工作负责最终带来的是什么样的结果。可以肯定的是，升迁和奖励是不会落在那些不负责任的员工身上的。

相反，那些勤奋、敬业的员工往往会在工作中受益匪浅：在精神上，他们获得了快乐和自信；在物质上，他们获得了丰厚的报酬。

二十多年前，年仅19岁的汪志强以农民工身份进入山东威海西郊建设集团公司时，没有学历，没有经验；如今，他是"威海市新长征突击手"、"全国优秀农民工"、"山东省技术能手"、"威海市劳动模范"，在人民大会堂受到国家领导人的接见……

他靠努力改变命运，他用实干放大人生价值，他在责任的引领下一路前行。

1988年，中专毕业的汪志强进入西郊建设集团公司，成为一名电工班学徒，他的电工职业生涯就此开启。

一次，在梳理电线时，他不小心碰到漏电的地方，幸亏有工友在身边，迅速扯开电线，他才没遭遇更大的危险。另一次，他为一座塔吊接线，结果一开闸，线路全被烧坏了。这两件事使汪志强深受触动，并总结了两条教训，一是要对"电老虎"有所敬畏，二是要抓紧补充专业知识。之后，他每天第一个上班、最后一个下班；回家后，坚持学习电工理论知识、记录学习笔记和工作心得体会。实习期结束，工友们惊讶地发现，电工班里年纪最小的汪志强竟然技术最好。

1991年，西郊承建市区某工程，这是威海设计院设计的体量最大、最复杂的工程之一。当公司把这个重任交给汪志强时，他不但没有胆怯，反而很兴奋。会审图纸时，他独具见解的意见，让甲方代表和设计人员倍感惊讶。随后，他又通过个人努力，让工程提前3个月完工。当年，汪志强就光荣地晋升为电工班长。

从一个对电工原理一窍不通的农村青年，到自强自立、独当一面，再到后来迈入管理层，很多人都觉得以后他只要动动嘴就行。但汪志强说："我知道自己的斤两，知道自己欠缺的地方还有很多。公司领导看重我，给了我这个职位，我就要对得起这份信任，对得起自己的良心，担起这份责任。"

自此，汪志强更忙了。1999年，汪志强自费报名参加成人中专学习班，全面丰富理论知识。2000年，汪志强自学电脑操作，从网上搜索最前沿的电工知识。二十多年来，汪志强坚持每晚学习两小时，或看书或上网，从不间断。

与此同时，汪志强也十分注重实际操作能力的提升，无论接手什么工作,都要从头到尾、一丝不苟地完成。2004年,某小区一期开发建设时,汪志强独创的"模板对应标注"对应法,既缩短了工期,又节约了铺设材料,工效一举提高45%。

汪志强还成立了攻关小组,组织举办电工学习培训班。经过多年实践,汪志强和工友们总结和创造了一整套加强项目成本核算,使施工的每一项程序和每一个过程都处于严格有序的控制状态,确保了施工工程市级单项优良率100%,省级90%。尤其是近年来,公司先后承接一些建设面积大、质量要求高、施工难度大的工程,他带领电工班职工始终战斗在生产第一线。某小高层住宅工程项目中,工期短、任务重且强电、弱电、智能系统项目复杂,他带领电工骨干边施工边攻关,摸索出一套快、省、优的施工方法,被纳入公司管理标准。

二十多年来,为了公司,为了电工班,汪志强奉献了太多,也亏欠了家人太多。

2008年,妻子因病住院,他在医院陪护妻子的第二天就接到工地负责人的电话:搅拌设备发生故障。汪志强二话没说立刻赶赴现场。两个多小时奋战后,设备恢复正常。为避免搅拌设备再次发生故障,汪志强打电话请年迈的母亲照顾妻子,而他一直在工地守了整整三天三夜。

还有一次,儿子在跟朋友玩耍时摔了一跤,回来一直说胳膊疼。当时正赶上公司工程处于攻坚阶段,汪志强满脑子想的都是工作,就没把儿子的事放在心上。几天后,孩子的胳膊越肿越厉害,到医院一检查竟是骨折。看着孩子痛苦的脸,汪志强无言以对。因为对这个家,他真的是付出得太少。

付出终有回报。2008年8月,汪志强荣获"全国优秀农民工"荣誉称号。榜样的力量是无穷的。公司一批批年轻人在他的精神感召下,热情投入,执著前行,开启自己的人生之路。

爱默生说:"责任具有至高无上的价值,它是一种伟大的品格,在所有价值中它处于最高的位置。"不错,责任至高无上。因为责任关系到安危,关系到成败,关系到存亡,关系到生死,如果没有了责任,这个世界上任何东西也就没有了保障。

放弃了自己对工作的责任,或者蔑视自身的责任,就意味着放弃了自己在这个社会中更好生存和发展的机会。相反,如果勇于承担了责任,任何时候都坚守住自己的责任,负起自己的责任,就会为社会、为企业、为自己带来发展的机会。

当你尝试着对自己的工作负责时,你会发现,你自己还有很多的潜能没有发挥出来,你要比自己往常出色很多倍,你会在平凡单调的工作中发现很多的乐趣,最重要的是你的自信心还会得到提升,因为你能做得更好。不要害怕承担责任,要立下决心,勇于负责,你一定可以比别人完成得更好。

## 8.

# 主动学习,提高技术技能

各行各业都有专门的知识、学问和技术能力,大部分农民工朋友精通于种田、家庭养殖等技能,进城后对一些工作工种的要求一无所知,很难从事一些职业活动。很多人因职业技能水平低下,只能从事一些简单劳动,不仅辛苦,工作还无法保障。因此,面对激烈的职业竞争,每个从业者必须牢固树立职业技能是立身之本的思想,充分认识到提高职业技能水平是自己最重要的职业保障。

提高技术技能需要我们主动学习,这种学习不仅仅是入职前的学习,还应贯串整个职业生涯,这是爱岗敬业的具体表现,是提高工作效率的有效途径。

这方面我们应该向杰出的农民工代表朱雪芹学习。

2008年,第十一届全国人民代表大会第一次会议在京隆重开幕。在参会的2987名十一届全国人大代表中,31岁的朱雪芹代表注定成为中外各大媒体追逐的焦点,作为历届全国人大代表选举中首次选出的3名农民工全国人大代表之一,她代表着全国2亿农民工走进人民大会堂参政议政。

穿Lee品牌的水红色T恤,自信的脸上洋溢着积极与从容,很多人都说,朱雪芹不像个农民工。当她作为全国第一批、仅有的3名农民工全国人大代表之一出现在人民大会堂时,她的形象令许多人大跌眼镜。"不能再用老眼光看人啦!农民工就一定要破破烂烂吗?"这句话已经成了朱雪芹的口头禅。

是什么改变了她的命运呢?

朱雪芹出生在苏北一个贫瘠的小山村。自懂事起,她就经常帮爸妈干些农活以减轻家庭负担。17岁时,朱雪芹来到中日合资上海华日服装有限公司工作。朱雪芹回忆说:"进厂后第一份工种是做西裤裤腰。第一天,我只做了50件,而师傅一天能做550件。"生性倔强、好强的她下定决心:一定要用十倍百倍的努力来赶超差距。每天完工之后她都埋头苦练,工作间隙也不放过。半年之后,朱雪芹做裤腰的速度超过了师傅,质量也非常高。

在工厂里,每一个师傅都掌握着一个工艺流程的绝活儿,一般不轻易外传。朱雪芹并不满足于掌握公司指派的工序,而想掌握一条流水线上的所有技术。有的师傅不肯教,她就偷偷地看,牢牢记在心里,等大家都休息时,再悄悄地操作。很多工序看起来简单,实际上却不好掌握,操作的力度、一针一线的手法,都暗藏玄机。

有一次,朱雪芹暗自练习钉西裤纽扣,师傅操作时针总能恰好落在指定位置，她操作的针却直接扎到了中指上，刺到了骨头。钻心的疼痛让她大叫起来，领班闻声跑来，用老虎钳把针拔了出来。晚上，她疼得一夜未睡，想到因偷学技术受伤，又独在异乡、远离至亲，泪水涌出了她的双眼，浸湿了整条枕巾。二十多天后，肿起来的手指好了之后，她又开始了偷学生涯。

朱雪芹说："以自己的条件，想学整条流水线的工艺，只有偷学这个办法。"有时她也会感到害怕，但到了车间听到机器的嗒嗒声，一切恐惧就抛到脑后了。后来，主管知道了朱雪芹的事情，被她好学的精神打动，给了她大量学习机会。凭着这不顾一切的劲头，朱雪芹在18岁半时就成了技术骨干并先后两年被评为优秀员工。

1998年，因表现突出，朱雪芹成为3名去日本总公司深造的代表之一。家里明确表示反对，因为3年学成归来时，24岁的她在农村连婆家都难找了。但朱雪芹恳请父母支持自己，顶着压力前往日本开始了新生活。

在日本，最大的障碍自然是语言了。没有任何日语基础的朱雪芹，在广岛紧急培训了20天后就投入到车间企业管理培训中去了。最初，与日方的交流主要通过打手势进行，一句简单的话连比带画勉强能交流，涉及长句，完全无法交流。这可急坏了朱雪芹，笔、词典、本子成了她不离手的武器。没钱上专业培训班，更请不起单独的辅导老师，口语怎么提高呢？朱雪芹发现了公司旁有一所小学，萌生了和日本小学生交流来提高口语水平的想法。但日本小学的管理十分严格，门卫不让她进门。朱雪芹告诉自己："要相信真心的力量。"从此，她每天路过学校时都向门卫微笑并且重申她的学习诚意。门卫终于让朱雪芹进入校园，她找到了3个小朋友，每星期聚会3次。朱雪芹用磁带把自己说的话录下来，小朋友放学后放给他们听，请他们纠正口音。这样，朱雪芹的日语进步非常大，在学习和工作时就更方便了。

3年后，日本总公司开出月薪20万日元的优厚条件挽留她管理公司业务,但朱雪芹拒绝了。她说:"我发自内心地希望能用学到的技术为国家做一些贡献。"日方并没有死心。多年后,朱雪芹再次来到日本总公司拜访,日方董事长约见了她并再次请求她留下,在等级森严的日本公司里,董事长亲自约见员工是非常罕见的,这一次他们对中国人朱雪芹破例了。朱雪芹还是毅然决然回到了祖国。

2001年9月,朱雪芹回到祖国。只休息了一天,她就出现在生产线上。她迫不及待地把学到的先进技术和管理经验应用到生产实践中。她向上司申请改革现有的生产模式,立下军令状:"3个月的时间,我会让流水线的生产质量和效率完全变个样。如果做不到,我的工资分给大家。"

以前做一条西裤成品需要3600多秒的时间,经过改革之后只需要2800秒。往日的流水线生产比较混乱,朱雪芹设计出80道精细工艺操作规程使流水线生产更加规范化。半年后整条流水线的利润提高了30%,员工平均工资也提高了30%。朱雪芹感受到,在企业中一个人好不是好,一群人好才是真正的好;把先进技术传授给其他同事,大家整体努力才能创造佳绩。她组织员工成立了"相约星期四"学习小组,带领大家学习《安全生产法》、《劳动合同法》及社保条例,还组织了摄影比赛、歌咏比赛以丰富农民工的业余生活。"相约星期四"小组荣获"普陀区新上海人培训优秀基地"称号,朱雪芹也获得了上海市"十佳三学状元"称号。

朱雪芹并没有满足于自己的成绩,她还在努力。2007年,朱雪芹报名参加上海电大初级工商管理专科班学习。2010年9月,朱雪芹又开始进行工商管理本科学历的攻读。

2008年1月29日,她当选为全国人大代表,成为上海市第一位、全国第一批农民工全国人大代表。"两会"期间,朱雪芹的自信和淡雅让见过她的人改变了以往对农民工的印象。谈及这点,她表示,新时期的农民工也要不断提高素质,要有新形象。

自己在本质上永远是农民工,会始终牢记使命;她也会更加努力地学习,争取做得更好。

人生不过数十载,有人听任命运的安排,安安稳稳、平平淡淡度过一生;有人奋争,用双手改变命运,虽在平凡的岗位上,也能做出一些不平凡的事。朱雪芹属于后者。从贫瘠的苏北农村到繁华的上海,从只有初中文化的农家小妹到首批农民工全国人大代表,朱雪芹用自己的努力一步一个台阶地往上走,融入工作的城市,为更多的农民工树立了一个完美的榜样。她用亲身经历告诉人们:勤学改变命运。

作为新时期的现代农民工,我们庆幸有朱雪芹这样的榜样鼓励着我们前进,更应该庆幸自己出生在这样一个时代,只要我们主动学习,努力付出,我们一定会沿着朱雪芹同样的道路前进。

主动学习吧,让一切勤奋、努力与智慧在工作中闪烁出应有的光芒。

# 第三章

弘扬诚实守信美德：

诚实守信是职业道德的基本原则

# 1.

# 诚实守信是一个人安身立命的根本

中国传统文化很重视信义。自古以来,诚实守信就是中华民族的传统美德,是立人之本,立事之本,治国之本。

当前社会,诚信危机状况频发。以拖欠农民工工资为例,虽然国家明文规定不得拖欠农民工工资,但是一些无良企业和个人总是缺乏应有的信用,千方百计地拖欠农民工的辛苦钱,于是,每年年底,全国各地农民工讨薪举措层出不穷,更有甚者,为此而付出生命的代价。

讨薪,或许是很多农民工兄弟心中的痛。每每想起那些不守诚信的欠薪之人,我们都深恶痛绝。不错,我们痛恨那些不讲信用的人,反过来想想,我们是不是一个讲信用的人呢? 我们又当如何做到不让他人痛恨呢?

2010年2月9日(农历腊月廿六),在京、津做建筑工程的湖北人孙水林,驾车带着妻子、儿女和26万元现金从天津出发,准备赶回老家过年,同时给先期回武汉的农民工们发放工钱。临走时,弟弟孙东林担心自己万一年前赶不回去,还请哥哥把自己手下农民工的工钱先垫付了,不要拖到年后。没想到,7个多小时后,孙水林在河南开封境内的高速公路遭遇车祸,车上一家5口全部遇难。

2月10日早上,孙东林打电话回家,发现哥哥仍未到家。

预感不妙的他开车沿途查找，在河南兰考人民医院太平间发现了哥哥及家人的遗体。看到亲人们的遗体，孙东林悲痛至极，好在26万元工钱还在。当时处理后事尚需时日，他想到自己家的这个年是过不成了，但不能让跟哥哥干了十几年的工友们也过不好年，让人家骂自家兄弟不地道。孙东林决定先替哥哥完成遗愿，把工人的工资在年前发下去。

腊月二十九，两天未合眼、没吃饭的孙东林赶回黄陂家中来不及休息，就让民工互相通知上门领钱。面对大家，他说："账目及账单现在都找不到了，这是本'良心账'，大家也凭着良心领钱，大家说多少钱，我们就给多少。"

当时在孙家，一边是老人痛心哭泣，一边是让大家报账领钱。好多工友都说先办丧事，年后再说，可孙东林不同意，坚持让大家收下钱。这一天，从早到晚前后60多个民工上门领钱，26万元不够，孙东林又垫付了6万多，丧子的老母亲也硬是拿出了1万养老钱，用来发工钱，不能让儿子背上欠钱的名声。

当天晚上8点半，工钱全部发完后，神色一直凝重的孙东林终于轻吐了一口气："真是如释重负。哥哥可以安心了，大家也都可以好好过个年了！"

都是农民工，孙家兄弟知道大家挣钱不容易，不欠薪的承诺他们兄弟坚持了20年。

上世纪80年代末，木匠和泥工出身的孙家兄弟开始拉起队伍单干。

二十多年来，大家认准了孙水林的实在，跟着他打工的高峰时有300人，来自湖北、河南、河北、内蒙古等地，不少人已经跟着他干了十多年。"行业内确实有一些不正之风，但只要凭着良心做事，年底再难都应该给农民工付工钱，这是天经地义的事。"在弟弟的记忆里，孙水林被发包方拖欠账款最后只得拿出积蓄垫付工钱的事，不下10次。

上世纪90年代，孙水林在北京承包一所学校的工程，加班

加点完工后 6 万余元的工钱却拿不到手,无奈之下,孙水林只能
掏出自己刚攒的一点积蓄垫付了工资,后来将拖欠方告上法庭,
胜诉了却执行不了。2002 年,孙水林在武汉承包了一项装修工
程,对方时至今日仍欠几十万元。为了付工钱,哥哥还向弟弟借
了 7 万余元。

"那么困难的情况下,我哥也没欠一分钱工钱。"孙东林说,
"外地农民工回家前,我们就将工钱全部结清。离老家近的农民
工部分没结算尾款,我们就赶在大年三十前回家结算,绝不拖到
正月初一。"

2010 年 2 月 23 日,孙东林返回哥哥孙水林的车祸事故现
场河南开封处理后事,泪水再度喷涌而出:"哥,工钱一分不少,
年前全付清了,你可以安心地走了。"

"新年不欠旧年账,今生不欠来生债",孙水林、孙东林兄弟
20 年信守承诺,感天动地,被人们誉为"信义兄弟"。


总有一些事让人泪流满面,总有一些人让心充满温暖。"信义兄弟"
的感人故事告诉我们:诚信与责任,分量比山还重。

人无信而不立。诚信对一个人的重要性就好比如健康,缺之不可,是
人生不可多得的一笔财富。"诚"与"信"就是支撑起"人"字的撇和捺,没
有它你的人生就失去了支点,你就根本无法很好地立足于社会。

如今,在这么一个缺失诚信的社会中,孙家兄弟俩却依然保持着那份
纯真的信念,又有多少人能像他们那样讲诚信呢?在"金钱万能"的时代
里,大多人总是把自己的利益放在第一位,又有多少人真正懂得了"诚信"
这个词的含义?事实上,像孙家兄弟一样的农民工大人有在。拿我们农
民工队伍整体而言,就是一个诚实守信的群体。《求是》杂志社旗下的《小
康》杂志曾发布过《2011 中国人信用大调查》,其中,军人、农民、学生、教
师和农民工,被选为年度最讲诚信的 5 个群体。

可见,我们农民工是一个信誉度比较高的群体。正因为我们处于一
个值得他人信任的群体之中,就更加应该发扬诚实守信的美德,不为农民

工队伍抹黑,用自己的一言一行履行做人的道德责任,为自己打造诚信品牌,做一个诚实守信的现代公民。

## 2.

# 不管在哪里都需要把诚信放在首位

党的十七届六中全会曾明确提出:"把诚信建设摆在突出位置,大力推进政务诚信、商务诚信、社会诚信和司法公信建设,抓紧建立健全覆盖全社会的诚信系统,加大对失信行为惩戒力度,在全社会广泛形成守信光荣、失信可耻的氛围。"

在建设和谐社会的今天,百姓渴望诚信,企业渴望诚信,党和政府渴望诚信,整个社会都在渴望诚信。诚信可贵,失信可耻,找回诚信已刻不容缓,建设诚信社会是我们时代的迫切需要。作为社会的一员,我们广大的农民工朋友要想更好地融入到城市生活中,就应当不管在哪里都应将诚信建设摆在首位,把诚信视为"金子",甚至是"生命"。

2012年的冬天,在一个没监控、没路灯、没行人的夜晚,家住成都崇州市金鸡乡金鸡路的李光全走路正要回到他鞋厂的宿舍。李光全60岁,是南充市南部县五龙观村人,多年来,他一直孤身一人在崇州打工。

这时,同在崇州打工的王冬当时骑着电动车恰好经过这里。王冬是贵州习水人,之前的一天他刚从打工的工厂辞职准备回老家。

由于路上没有路灯,王冬的电动车也没有灯光,王冬根本没有注意李大爷正走在他前方。当看到李大爷的时候,王冬采取了紧急刹车,但已来不及,电动车直接将李大爷撞倒在地,王冬也连人带车倒在地上。

李大爷从地上直接坐了起来,慌了神的王冬顾不上自己头上的伤口还在流血,赶紧查看老人家是否有事并将李大爷扶起。"没有事,你走嘛⋯⋯我要回前面的鞋厂宿舍。"宽厚的老人连续说了几遍,还安慰王冬说,"实在不行找个诊所缝几针"。

王冬说:"不行,我撞倒你了,必须到医院做检查。"他一边用手捂住老人流血的头部,一边拨打急救电话。当急救医生赶到时,老人仍然坚持说没事。在王冬和医生的坚持下,李大爷答应到医院去做检查。

经初步检查,老人头部有一个大概5厘米长的裂口。半个小时后,李大爷详细的伤势检查结果出来了,颅内出血,情况并不乐观,必须当晚转到重症监护室。李光全随即被送进重症监护室,并陷入昏迷。医院要预交两万元医疗费,王冬掏出身上仅有的3000元积蓄后,还四处打电话找亲友筹钱,并通过各种方式通知李光全的家属。

在获悉父亲被撞伤后,李光全的一双儿女在一天后从打工地浙江温岭赶到了崇州的医院。此时,李光全已陷入深度昏迷。半个月后,李光全因术后肺部感染加重、低烧不退被转至四川省人民医院。

见到健康的父亲突然人事不省,李大爷的儿女悲从中来,本想狠狠揍王冬一顿,但被医护人员和病友拦住。他们向李大爷的儿女还原了王冬这位28岁的小伙子出事后的一天一夜,并介绍说,王冬来自偏僻贫困的贵州习水县农村,一家6口全靠他外出务工赚钱养家,月收入3000多元。为筹集医疗费,他当时已借了1万多元。

在了解到王冬的诚信之举后,宽厚的李家人决定与王冬一起携手渡难关。考虑到王冬家境困难,李光全的儿子李云昌还专门为王冬租了一间房。4天后，王冬的妻子李丽香也带着7个月大的儿子专门从贵州赶到四川，为两家人做饭，尽管妻子开始有些怨言，但也支持王冬担当责任。李家人还决定，不管父亲能否醒来，都不追究王冬的刑事责任，不提出任何经济赔偿要求。王冬称李云昌为"哥哥"。

很多人问王冬："面对可能承担的刑事责任和超出家庭承受能力的医疗费，为何不一走了之？"他说："从未想过要走。良心永远不会说谎，不管被撞老人，良心上说不过去。"

诚信的王冬和宽厚的李家人的故事经热心病友微博转发后，引起社会广泛关注，四川、贵州及全国的数十家媒体相继跟进报道。王冬被网友称为"仁义哥"。为了帮助王冬和李家人渡过难关，川、黔及全国各地的爱心人士、企业纷纷捐款。

尽管李大爷的治疗费用和后期恢复费用巨大，但王冬说，他和李云昌商量过，这些钱是大家的爱心，社会上还有比他们更困难的人需要帮助。不到万不得已的地步，他不会动用这笔爱心捐款。如果可以，他们想将这笔钱退还给好心人，或是捐赠给贫困学生、慈善机构。

是诚信让王冬撞倒老人李光全后没有选择逃逸，而且主动将老人送至医院并举债筹集医疗费；是诚信让两个困难的打工家庭共渡难关，并唤醒了众人的良知，得到了社会的广泛援助。这是一股多么强大的力量啊，让社会公众感受到了宽容、真情和善良。

诚信就如同阳光、温暖、生命、力量和发展，这是我们每个人与社会和谐相处的必要因素，缺少了诚信，我们的人生将得不到他人的认可，我们的事业将无法发展下去。因此，我们在任何时候、任何地方都应该把诚信放在首位。

特别是对于外出务工的农民工朋友而言，更应当将诚信视为职业化的一种"常态"要求。要知道，有了诚信的品质我们才能参加工作。因为在一个组织中，诚信是组织成员相互合作的必要条件，可以很直接并且快速地评估一个人是否值得信赖和委以重任。一个缺少诚信的人,眼前可能得到蝇头小利,但骗了一时,却骗不了一世,不讲诚信最终得不到他人的信赖,也将一事无成。

## *3.*

# 只有诚实守信,才能得到企业的信任

诚信可以立人,也可以立业。当今社会,很多企业将员工的诚信素质作为绩效考核的一个重要内容。也就是说,如果你不具备诚信,也许你会连跻身职场的机会都没有。反之,如果你能够做到诚实守信,就有可能得到他人和企业的信任,前途一片光明。

王光成是合肥申通公司的一名普通快递员。但是,只要在合肥市一提起王光成的名字,市民都会竖起大拇指连声称赞。"做事踏实、守信用",这是市民和同行对他最直白的评价。那么,王光成的背后究竟有什么故事能让他获得如此好评呢?

故事要从 2012 年 12 月说起。这天,王光成在送快递时,车子不慎被盗,车子上的 20 余个包裹随之丢失。"这么多包裹丢失了,寄件人和收件人一定会很着急的,无论如何都要给他们一个满意的答复。"此时王光成首先想到的是如何寻找失主并进行赔偿道歉。

丢失邮件后连续几天内,王光成除了正常的快递投送工作之外,始终徘徊在老客户中间寻找失主。王光成说,之前寻找赔偿的都是收件人,当天的几位寄件人,自己也必须全都找到。在找到失主和寄主之后，王光成都会向其表达深刻的歉意，并给予相应的赔偿。

王光成憨厚地认为："别人那么信任我，我都要找到他们给个答复。"在他诚实守信的精神感染下，还有客户主动要求减少赔偿数额，这让王光成感动不已。一名失主丢了两条裤子，按理得赔674元，但他听说了王光成的情况后硬是只收下了500元。提到这件事，王光成感激之情溢于言表。王光成的分管经理了解这件事情之后感到十分欣慰，在公司进行了全网通报表扬，并表示公司会承担部分或全额的赔偿。

"王光成这个小伙子我认识，每次都给我们家送快递，即使感觉会迟到一分钟，也会给我打个电话，特别负责任。在附近居民中间人气很旺，大家有东西寄都是第一时间找他。"一位老客户如是说。不仅如此，王光成的行为在同行中间也被传为佳话。快递员李师傅说："作为王光成的同事，我们都很为他骄傲。虽然他是我们的对手，但是他所做的却是每个快递员应该学习的。他真是给咱们快递员长脸了。"

王光成的诚信行为，不仅引起了合肥市民和同行的关注，更受到了远在上海的总公司领导的高度重视。申通快递全国总公司的领导们听闻王光成的事迹后，也是十分骄傲与感动，公司总裁决定为王光成写封表扬信，同时给予其"总裁特别奖励"，并将号召全国数万名申通员工向王光成学习。

一个诚信的员工在哪里都会受到欢迎，这不仅仅是一种素质的体现，更是一种忠诚，一种对工作的责任。相反，没有诚信的员工是不会受到企业欢迎的。一个不讲信誉的员工肯定不是一个好员工，即使有些员工平时工作积极主动，一旦受到外界的引诱，缺乏诚信的他注定将抛弃原则，做出损害企业利益的事情来。企业是永远不会信任这样的员工，更不要说欣赏甚至重用了。

在外务工时，我们每一个人都应当加强自身的诚信素质建设，提高自我的诚信水平。因为在工作单位中,诚信是同事相互合作所需要的必要条件,也是最直接并且快速地评估一个人是否值得信赖和可以委以重任的标准。而且不管什么样的企业,只有员工具有诚实守信的素质之后,企业才可有诚实守信,因为企业的核心是员工,企业的工作是员工做出来的,哪怕只有一个不诚信的员工,也会让企业形象受损,让企业信誉打折。

因此,无论我们是想自己开创一番事业,或是正在某家企业就职,如果想取得成绩,就必须坚定诚实守信的人生信条,这是做员工的职责,也是为自己的发展而努力。

## 4.

# 言必信,行必果,杜绝言而无信

"言必信,行必果",这是我国几千年历史沉淀的文明,也是我们中华民族的传统美德;"一言既出,驷马难追",一直是我们所崇尚的名言;"季布一诺千金""商鞅立木为信""曾子杀猪"等等,一直是我们耳熟能详的故事,这些并不是空洞的说教,也没有因年代久远而变得虚无缥缈。相反,因为社会诚信的缺失,我们更应该将其发扬光大。

要信守约定,看起来似乎很简单,做起来却十分的困难。孔子所说的"言必信,行必果",其实包含了两个方面的内容:一是自己恪守信约;二是相信别人能守信用。相对而言,相信别人变得比守信更简单些。相信别人只是一种心理活动,而恪守信约却是要付诸行动的。我们的许诺让别人相信了,就必须行动,若仅仅是试试看,没有达到目的,其结果同样是失信于人,又何必承诺呢?

在生活中我们很多时候可能是出于热情或好心去帮助别人,但是一且获得别人的信任，我们当初所说的话却做不到了，这样有可能浪费别人的时间或打乱别人的计划，反而给人留下不好的印象，得不偿失。因此，答应别人的事情一定要慎重，要做到一诺千金。

  在安徽霍邱县周集镇，张仁春曾是一个小有名气的人物，因为他办过厂、搞过苗圃，算得上当地致富的带头人。

  2006年，张仁春租了85亩地做苗圃，种上香樟、广玉兰等苗木。他整天在这片苗圃里忙碌，由于劳累过度，他的腰椎出了问题。2008年5月，张仁春在苗圃投入了大量资金后，却一病不起。他在病床上躺了七个多月，直至去世。而此时他为做生意借了155万元巨款，其中包括弟弟张仁强的20万、大妹张仁秀的15万元、周集镇信用社的40万元，剩下的80万全都是从朋友那里借来的。

  张仁春病重期间，苗圃由于疏于打理，野草丛生。他去世后没多久，一场莫名的大火，将85亩香樟等树木烧得干干净净。张仁春多年的付出，没有得到任何回报，留下的除了一片烧焦的土地，还有那一百多万元的巨债。

  张仁春去世后留下了百万巨债，怎么办？家里人仔细商议了一下，最后的意见很明确：人死债不烂，钱一定要还。

  张仁春有一儿一女，儿子在北京打工，每个月的收入只能将就糊口；女儿在老家当幼师，每月一千多块钱的工资，也拿不出钱来还债。张仁春兄弟姐妹4个，他是老大。老二张仁强和老三张仁秀家境还不错，也因此成了大哥的"债主"。老四张仁兰靠养猪维持生计，日子过得很辛苦。张仁强和张仁秀站了出来，他们决定替哥哥还那120万元。

  为了还清巨款，张仁强不得不走出家门来到省城合肥打工挣钱。可是没有一技之长，张仁强在城里挣钱十分辛苦，只好干起了收破烂的活儿，因为这活儿不需要成本，也不需要技能，只要自己努力就行。

张仁强来合肥时已经 54 岁。为了给哥哥还债,他比小伙子还能吃苦,收破烂的活儿干得不错。他从四处游荡的"破烂王"变成了废品回收站的小老板。在堂弟的帮助下,他也接触了一些建材生意。

2009 年是张仁强为哥哥还债的第一年,也是他在合肥打工"事业"小有成就的一年。无论是废品回收,还是建材生意,他做得都很红火。然而,令他意想不到的事情发生了。

这年 10 月份的一天,张仁强接到父亲的电话,说他媳妇在卖掉家里的猪后就不见了。这下把张仁强吓得半死,因为过去包鱼塘、养猪以及收废品的钱,绝大部分都在老婆手上。

张仁强四处打听才从乡亲那里得知,他老婆是因为受不了他为哥哥还债才选择了逃避。这个消息让张仁强倍感挫折。他失去了生活和事业上的左膀右臂、相处几十年的爱人,而他失去的金钱是他辛辛苦苦攒下来、要还给人家的"债"。

张仁强没有时间找老婆,他又回到合肥继续干活,因为巨额的债务还分文未还。张仁强拼命干活。年底的时候,他将挣来的二十几万元全部还给了债主,连一点本钱都没留。

这让张仁强又陷入困境。第二年,堂弟再次找到张仁强,想继续干建材生意。可由于没有本钱,张仁强只能放弃,让堂弟单干。如今堂弟每年能挣几百万,而张仁强仍然在从事自己的老本行——收废品。

有些本钱,张仁强又开始养猪。经过一年的努力,他的养猪场有了效益,挣了 15 万元。这笔钱也还给了债主,哪个债主急用,就先给哪个。

几年下来,张仁强一共为哥哥还了三十多万元的债,他自己只留下生活必需品。在张仁强租住的房间里,他只给自己置了一样东西:800 块钱的旧空调。这就是这个一年挣 10 万元的人最高级的"奢侈品"。

当初答应了替大哥还钱,大妹张仁秀也是一诺千金。她为了还债,付出了所有积蓄,自己的生意也欠下了20万元的债。而更让她感到窘迫的是,在合肥上班的儿子已经27岁了,没有房子,结婚的事情只能往后拖。

在兄妹二人的共同努力下,大哥120万元的巨债到2012年底已经还清了110万。

言必信,行必果。古老相传的信条,张家兄妹却演绎出了现代传奇,他们为信义而承诺,为良心而奔波,无限辛酸皆不悔,只留诚信在人间。

诚信的人受人尊重。人无信不立,一旦失去诚信,你的人生就将面临失败。正如美国科学家富兰克林所说:"失足,你可以马上恢复站立;失信,你也许永难挽回。"没有人会喜欢一个"言过其实"的人,更没有人会重用一个信口开河的人。

你想想看,当我们在一个陌生的城市好不容易找到一份工作,领导或同事在交付我们一项重要的工作时,往往都是建立在信任的前提下。他们心中认定自己所托付之人一定能够完成任务,因而委以重任,这是一种难得的信任。如果我们为了获得某种利益,在领导或同事面前夸下海口,可当利益得到后或承诺无法兑现的时候,就开始推诿找借口。这种小伎俩可以欺骗别人一次、两次,但如果次数太多了,迟早是会露馅的。最终,我们不但会失去利益,甚至还可能会因此而身败名裂。

所以,身在职场,我们一定要严守信用,不食言,对自己所说的话要承担责任和义务,要取信于人。对于自己根本做不到的事情,不要轻易许诺;在做承诺之前要慎重,要三思而后行;一旦答应了别人,就要千方百计、不遗余力地去兑现。坚持诚信,最终的结果会让你获得良好的信誉,这对你来说可是千金难买的最为重要的资产。

王红超,河南内黄县人,农民工创业优秀企业家。他所创立的河南省益恒工矿设备有限公司多次被评为诚信企业。

建厂初期由于资金短缺,需要多方筹集协调资金,不管在多么困难的情况下,只要王红超承诺给对方的还款时间,从来没有失信过。

2003年5月,"非典"疫情肆虐中国大地,可就在这个节骨眼儿上,远在河北省张家口市的一家客户,因意外情况急需一批配件,产品生产出来了,可运输成了难题,给多少运费都找不到货车,因为河北是疫情重灾区,谁也不愿意冒着生命危险去送货,对方急需这批产品,万般无奈的情况下,王红超借了一辆大货车,和业务员两个人冒着随时被隔离的危险,走了整整4天,才把货送到目的地,因为每经一个县市都要检查、消毒,有时要绕几十公里,才能绕过去一个村庄。到达目的地后,客户激动地握着王红超的手说:"你可解了我们的燃眉之急了,你如果晚来一天,我们就会停产,停产一天就会损失三百多万元,打了多少客户的电话,你们是唯一一个给我们送货的厂家,真是谢谢你啦!"王红超淡淡一笑地说:"你们的困难我非常体谅,只要我承诺的事就一定要做到"。

2010年2月,王红超和客户签订了全年的供货合同,可是下半年由于市场调控等多方面的因素,原材料大幅涨价,别说赚钱了,有的产品甚至还要赔钱,厂里的业务员劝他与对方说明情况,终止合同。可王红超却说:"不行,顾客是我们的上帝,我宁可赔钱也不会和客户终止合同,要不我以后还怎么做生意。"结果,那一年公司亏损了,可客户对王红超打了100分,对方经理在公司全体员工会议上宣布:"河南益恒是唯一一个在原材料涨价的情况下,产品价格没有上调的厂家,我决定把2011年全年计划都让他们公司做。"从此后双方建立了长期的供货合同,直至现在。

有付出就有好的回报,在王红超的带领下,他们单位被评为"安阳市文明单位",被中国质量诚信促进会确认为"AAA级质量诚信会员单位"、"质量诚信消费者信得过单位",中国中轻产品质量保障中心确认为"重质量、守诚信、全国托辊质量信誉双保障示范单位",自1995年起连续17年被评为"安阳市守合同、重信用企业"、"安阳市诚信经营五星级企业"。

言而无信与讲信用就像是一对孪生兄弟。讲信用之人让人敬佩，背信弃义者让人唾弃。荀子说："口能言之，身能行之，国宝也。"讲信用，必须做到言行一致。所谓"言"，就是说话一定要有信用，这是做人的根本，是正人。所谓"行"，就是做事一定要有结果，善始善终，不要半途而废，这也是做事的尺度，是正事。可见，"言必信，行必果"，是做人做事的准则。

职场如同一个共同创造利益的大舞台，而诚信便是我们登上舞台的资本。舞台之上，要想做个好的表演者，合作是十分必要的，而合作的关键在于相互信任，相互取信，只有做到"言必信，行必果"，才能达到理想的目的。

如果我们在与人合作的过程中，信口开河地给予别人承诺，而不去行动兑现，那么，当别人被欺骗一次以后，便不会再给机会让我们去骗他们了。不仅如此，对方还会将我们不守承诺之事，告诉给其他的同行。这样，我们既无法开展工作，同时还失去了人格。坚持诚信，最终的结果会让我们获得良好的信誉，这对我们来说可是千金难买的最为重要的资产。

# 5.

# 用诚信换来新天地

在过去的很长一段时间里，我们对信用是不太讲究的。借钱，有赖账不还的；承诺，有事后抵赖的；买卖，有以次充好的……所有这些现象都是不讲信用的表现。由于我们在舆论层面甚至法律层面对信用建设也没有足够的重视。当这些不讲信用的现象没有得到应有的谴责与惩戒时，民众对信用的作用的认识就更加的模糊,以至于形成社会诚信机制的缺失。

当前社会,迫切需要建立诚信机制,在这种大环境下,很多行业和组织在选择用工时,都与个人的信誉挂钩。信用不佳或者失去信用的人,在社会活动与个人生活中都将是寸步难行的。

挑战与机遇共存。对于讲诚信的人来说,他们可以让别人信任,可以受到重用,诚信给他们带来了赞美、荣誉,他们用诚信为自己的人生换来了一片新天地。

付小芬,河南省驻马店市汝南县人。她由于家族遗传病史,患有先天性小儿麻痹后遗症,双脚内翻,只能靠脚面着地前行。1993年,付小芬独自一人来到天津市,在天津妇联家庭服务公司务工。

最初,找保姆的市民见付小芬是位残疾人时,都摇摇头,随后选择了别人。付小芬没有心灰意冷,认为别人能干的自己也能做好。不久,她争取到一份照顾老人的工作。虽然月工资只有280元,但对这份来之不易的工作,付小芬格外珍惜。

刚去时,由于没人料理,老人家屋里乱糟糟的,付小芬把屋里屋外清扫、擦洗一遍,收拾得干干净净,又把老人堆积很长时间的8床被褥拆洗一遍。

付小芬勤快能干、心地善良,雇主对她的服务十分满意。当月付工钱时,雇主直接交给她300元钱,说多出来的20元钱是对她工作的奖励。随着付小芬身上朴实、诚恳等精神品质的频现,她的工资也被雇主逐渐增加到450元,当时保姆月工资最多300元。同时,雇主还不断往家政公司打电话,夸奖付小芬心地善良、踏实肯干。

天津人有个生活习惯,早上喜欢吃鸡蛋煎饼。雇用付小芬的两个老人也不例外,每天早上都会让付小芬拿上6个鸡蛋,到附近摊点加工成鸡蛋煎饼,每人两个。憨厚善良的付小芬想,市面上鸡蛋挺贵的,两个鸡蛋要一元多钱,老人吃了可以补养补养身体，自己在家吃咸菜习惯了，随便吃点什么都可以，就给老人家省点吧。

于是，付小芬每天早上只拿4个鸡蛋去加工，回来让两个老人吃，自己躲在旁边，啃馒头吃咸菜。结果，一天早上吃饭时，老太太与付小芬聊家常，发现她只说话就是不露面。老太太来到厨房一看，立马疑问起来，问她怎么没吃鸡蛋煎饼？得知付小芬的想法后，老太太一脸的不高兴："来到我们家，就是一家人，我们就得以亲人相待！以后我们吃什么，你就吃什么，不要与我们客气，更不要把自己当外人！"一席话听得付小芬顿时热泪满眶。

1994年春节，付小芬回家过年。老人家专门把儿子叫回来，为付小芬买好车票和一千多块钱的礼物，连带家里的一台彩色电视机一起给付小芬送到火车上。

付小芬精心照顾老人的事迹，很快在天津传开。天津众多媒体也纷纷报道她的勤劳善良，许多市民点名要找像付小芬那样的河南人做家庭保姆。

1995年，付小芬回到老家，把做家政工作的感受和天津人的热情与关爱讲给乡亲们听，许多同乡姐妹要求跟付小芬一起去天津找活儿干。一来二去，付小芬成了汝南远近闻名的天津"劳务带头人"。经过付小芬推荐工作的保姆，大都能够拿到不低的工资。有了良好口碑，漯河、周口等周边市县的姐妹也都慕名找到付小芬，要求介绍工作。十多年来，她先后往天津输出的河南籍保姆有五千多人，用诚信和善良、勤劳、真情感动了天津人，赢得了尊重和爱戴，更树立了驻马店市"信用保姆"的品牌。

在付小芬的家乡，用诚信给自己换来新天地的还有苗明霞。

苗明霞也是驻马店市汝南县一位普通农村妇女。她原本有一个幸福家庭，夫妻恩爱，有一对龙凤胎。天有不测风云，2006年，丈夫不幸患上了肺癌。为给丈夫治病，她卖掉了所有值钱家当，借遍了亲友，求遍了所有能求的人；为给丈夫治病，她5年没添一件新衣裳。

2009 年 7 月,丈夫带着遗憾,恋恋不舍地离开了人世。那一年,苗明霞 33 岁。丈夫走了,留给苗明霞的是近 6 万元的债务和一双 8 岁的儿女以及年迈的婆婆。

种种困难如山一样压得苗明霞喘不过气来,不断有好心人劝她改嫁。但是,苗明霞有自己的想法:婆婆年纪大需要人照顾,孩子还小不能没有娘。做人要讲诚信。自己困难的时候别人都帮助过自己,所以自己一定要还清给丈夫治病欠下的外债。苗明霞决定,一个人担起这副重担。

2009 年下半年,苗明霞在家里一边照顾婆婆和孩子,一边加工编织袋。但每月三四百元的工资实在不够还债,经过一番考虑,苗明霞让亲戚帮忙照顾婆婆,于 2010 年初,带着一双儿女去上海打工。

在上海,为了多挣钱,她不分昼夜地干活。白天,她在一家服装厂加工衣服。下班后,她还要到一家餐馆洗碗、洗菜,为的是每天多挣 20 元钱。在近两年的日子里,苗明霞没有星期天,没有节假日,她把所有的心思都用在了挣钱和照顾孩子身上。

2011 年 9 月 1 日,苗明霞带着钱回到家乡,还清了最后一笔欠款。面对全部画了钩的账单,苗明霞的心里轻松了很多。此时,她感到这么多年的付出都是值得的。欠款虽然还完了,但她要供养两个孩子上学,还要让婆婆安度晚年。

苗明霞诚实守信还清欠款的事迹很快传开了。当地村党支部书记被苗明霞的精神所感动,知道她有加工服装的技术和管理才能后,决定帮助苗明霞创业,让一个诚实守信的好人能笑对人生。

2011 年 9 月底,由村支部书记牵线,驻马店市当地一家服饰公司送给苗明霞 11 部电动缝纫机。有了缝纫机,村领导和乡领导又帮助苗明霞找厂房。不久,苗明霞的"东宇制衣厂"成立了,主要从事来料加工业务。有了厂房和机器,还需要源源不断的订单才能让制衣厂发展下去。

令人欣喜的是，苗明霞为人诚信的本质不仅感动了乡里乡亲，还感动了一些企业界人士，伊腾服饰有限公司遂平分公司主动联系苗明霞为其提供一些服装加工业务，使得东宇制衣厂的业务量迅速扩大。

如今，苗明霞和同村的十多名女工一起，在缝纫机上穿针引线，用勤劳的双手编织着自己的梦想。

诚信的力量是无穷的，它可以轻易摧毁人的一生，让人永远抬不起头；也能给人一个支点，打开一片广阔的新天地。而这一切全部取决于个人的意念和行动。

我们每个人都可以拥有诚信，它不含有任何技术成分，也没有任何地域差距，它是一种兑付未来的能力，是利用别人对你兑付未来能力的信任，通过透支的方式来获取利益。不讲诚信或者信用丧失，意味着你将失去兑付未来的能力。

我们外出务工没谁不想拥有一个美好的未来，那么，请珍惜你可以把握的诚信，用它为自己兑现一个美好的未来吧！

# 第四章

## 坚持办事公道原则：秉持公道公私分明

## *1.*

# 公平竞争，靠能力赢取机会

具有良好的职业道德，可以创造出良好的经济效益，而我们外出务工的最大目的就是为了获得更多的经济利益。因此，职业道德在调节人们的利益过程中，并不排斥个人合法利益的获取，甚至可以成为我们保障经济利益的基础。

中国传统道德中也不排斥个人的合法利益，古人所说的"君子爱财，取之有道"就是这个道理。所谓"取之有道"，一个重要内涵就是公道。如果一个人为了获得利益，缺乏良好的职业道德，总想投机取巧，走歪门邪道，可以肯定这个人在同事、领导、公众眼中的形象一定很差，让人唯恐躲之不及，自然大部分企业也不会给他工作的机会了。

我们同为父母所生，都是有手有脚的正常人，虽然家境、教育等等原因给我们的人生造成了很多的不平等，但是机会面前人人平等，当我们面对一份工作时，绝大部分的人都是站在同一起跑线上的，这时我们需要遵循良好的职业道德，正确对待竞争，靠自己的能力吃饭，切不可目光短视，抛开正义，搞一些见不得人的阴谋诡计。

广东《东莞时报》曾报道过这样一则新闻：

原东莞厚街镇启迪木业公司的一名员工被老板看中，被派往同行业的乐森木业公司偷学他们的技艺、工艺流程、客户信息等商业机密。由于收入高，这位员工接到任务后非常振奋，便匆忙前往这个从没接触过的公司应聘。一切都很顺利，他通过了面试，第二天开工。

到乐森木业上班的第一天，这位员工在厂内无心工作，反而去到不属于自己的岗位闲逛，问东问西。他的不轨行为很快引起了同厂员工的注意，被他人投诉。东莞乐森木业公司的经理接到消息后，通过监控录像看到，一切如同员工所说。经理把这名员工叫进办公室，通过询问得知，他竟然是卧底。

这名员工介绍，因和启迪木业老板是老乡，而且受到老板器重，所以对派去乐森木业当卧底偷商业机密的任务便一口答应了。他向车间工友询问热压温度，树权工艺流程和一些老东家无法掌握的核心技术。被抓前，他甚至还不知道，他的所作所为是在违法，身份是商业间谍的他，好的结果是帮了老东家的忙，坏的结果则是坐牢。他说："本想着去一天就走，没想到就被发现了，而且还涉嫌犯罪，是我自己不懂法，被人利用了。"

据律师介绍，这名员工的行为属于侵犯商业机密罪，以不正当手段获取乐森木业的不对外公开的工艺流程、技术等商业秘密，好在尚未使对方造成重大损失。如果给乐森木业造成重大损失，作为个人，他将被判处 3 年以下有期徒刑或拘役管制；如果造成特别严重的后果，则要判 3 年以上 7 年以下徒刑。

完全一个现代版的《潜伏》，但是"演员"的"演技"太差了，直接导致故事的尴尬结局，而且我们所处的社会环境不同，这位员工的行为已经构成了违法，不但没有获得更高的薪水，还为自己惹上了麻烦。不管他是不懂法还是被利用的，最重要的是他在被利益蒙蔽了双眼，忘记了做人和做事的准则，涉嫌了不正当竞争的行为。

事实上，随着社会的发展，政府和企业都在不断地加大公平的力度，如 2010 年，广东省首次面向外来务工人员招录 50 名基层公务员，这次考试不限户口，大专学历就可报考，对专业也没有具体要求，力图让有真才实学的外来务工人员和本地人一样获得平等竞争的机会；2011 年，国资委在下发的《关于中央企业做好农民工工作的指导意见》中,要求央企增加农民工的就业机会,为农民工提供公平竞争的就业途径,这也是国资委首度发布文件规范央企农民工用工问题。

这些政策和措施都很好地把一个公平竞争的机会摆在了广大农民工朋友面前。当机会摆在我们面前时,关键在于我们如何去把握,我们也需要一个公平竞争的道德观念,拿出实力来,靠自己的能力赢取机会,而不是靠歪门邪道获得他人的赞许,或者通过不正当的竞争手段获得本不该属于自己的利益。

2010年9月14日,广东省委组织部、广东省人力资源和社会保障厅发出《广东省2010年从优秀外来务工人员中考试录用基层公务员公告》,开创了外来务工人员招考制度的先河。消息一出,广州、深圳、珠海、佛山、东莞、中山、江门、惠州及肇庆9市的11290名外来务工人员对50个岗位展开了角逐。林克存、伍学成、曾剑就是被这次考试录取的3名农民工代表。

林克存被录取之前是一名报纸发行员,录取后成为深圳宝安区新安街道应急指挥中心的一名公务员。林克存的工作并不简单。新安街道应急指挥中心每天都要安排6人轮流值班,严格落实24小时值班制,如遇突发事件,值班员必须到现场掌握第一手情况。20分钟内,要对事件起因、经过、结果、现状、发展态势等10个要素进行核实,并书面汇报。由于在处置棘手事件上很有办法,工作不到一年,林克存已经成为宝安区新安街道应急指挥中心信息组的组长,成为这里的"二把手"。

来自湖南长沙的伍学成之前是东莞寮步镇一家眼镜厂的职工,考上了东莞石龙城市综合管理执法局城管岗位。有过打工经历的他容易放下面子,放低身段去做一些很难得到别人理解的工作,很快得到了领导的赏识。

曾剑,广西贺州市八步镇人,经人介绍来到广东肇庆端州区一家川菜馆打工,老板是他同学的表哥。在这次招考中,他成为了广东肇庆高要市金利镇的一名公务员。经历过漂泊的生活，经历了人生的磨炼，曾剑在工作中付出了更多的努力。"我从餐饮服务行业走进镇政府，自然还是用服务的思维对待政府工作。"工作上崭露头角后，曾剑最终被承担了更烦琐任务的金利镇经济办"抢走了"，承担起更重的责任。

工作在深圳和东莞的"外来工公务员"林克存、伍学成和曾剑等人，原本也像大部分外来务工人员一样，如尘土般飘荡在珠三角和家乡之间，他们从没想过可以固定在一个城市工作，更不敢奢望能把父母接到广东一起生活，但如今他们找到了属于自己的人生坐标。从餐馆采购员、报纸发行员、工厂员工，到公务员，他们华丽转身的背后，并没有靠投机取巧，而是在机会面前凭借着自己的能力，通过公平竞争争取到美好的未来。

当然，每个人的能力不同，机遇不同，我们不期望都能向林克存、伍学成和曾剑等人一样，成为国家公务员，但至少我们不能成为上面故事中那位"潜伏"的员工，丧失了职业道德，为企业和社会所唾弃。

相对而言，我们农民工有自身劣势，也有突出的竞争优势。我们的竞争力在于比城里人不怕吃苦，能够胜任比较繁重的体力劳动，我们还存在工资成本方面的优势，等等，这些看似微不足道的优势，其实都是企业很看重的，我们完全有能力与城市的蓝领工人竞争上岗。

正当手段，才是坦途。人生就如同一场竞技比赛，抢跑、拉拽、假摔等行为，定遭到观众嘘声以及裁判警告，甚至取消资格。即使侥幸得手，亦将有损声名，赢得不光不彩。公平竞争，如能胜出，自然光荣；即使落败，亦有尊严。不去投机取巧，不搞歪门邪道，不走后门，不拼关系，遵纪守法，坚守道德底线，通过自己的实力去把握每一次机会，赢得自己的未来。公平竞争，无论输赢，都值得尊敬。

## 2.

# 童叟无欺，靠质量取胜

　　每个人都是社会的一分子，社会的健康和谐发展与我们息息相关。从根本上说，加强职业道德建设是发展市场经济内在的客观要求，职业道德建设不好，市场经济就不能发展。例如造假、以次充好、偷工减料、虚假骗人广告等不道德现象，不但引起了人民群众的普遍不满，扰乱了正常的市场秩序，而且使国家资源和人民财产遭受巨大损失，这从反面说明，我们必须加强职业道德建设。

　　不管是我们给别人打工，还是自主创业给自己打工，都应当坚守职业道德，提高自身的素质，对得起自己的工作。特别是我们为自己打工时，更应该经得起良心的拷问。当我们为别人打工时，也许还有一些规章制度的约束，我们或多或少都会做到职业化。有些人一旦为自己打工，就忘记了原本的职业道德规范，为了更多更快地挣钱，抛开了做事公道的原则，到头来，欲速则不达，甚至还会吞下自己种的"恶果子"。

　　2012年1月中旬的一天，21岁的男青年丁某去某县要账，无聊之余到当地一家集贸市场上闲逛时，碰到一个贩售假烟的烟贩。烟贩告诉他这些假烟是南方人在他们村庄租住的一废弃的厂院内加工的，因被当地政府和烟草部门发现了，南方人害怕被抓就丢下做好的假烟和设备溜走了。当地政府和烟草部门运走了设备和销毁了部分卷烟，当地人发现剩下的假烟已经放霉了，扔掉挺可惜，想便宜处理换俩钱花。

　　丁某看了看卷烟，并试抽了几根，觉得卷烟的烟丝、加工工艺和包装能够以假乱真，发霉的也不太多。这时，他想起自己曾在省城一家建筑工地打工时的情景，当时为能节省开支，多挣些钱补贴家用，他曾和许多打工的农民工一样专门购买便宜的或者劣质的卷烟抽，有时甚至把抽过的香烟的过滤嘴再用纸包裹好重新点燃当做香烟抽。烟贩的这些卷烟虽然是假的，但味道和真的劣质香烟差不多，而且价格便宜，自己如果购买一部分，把发霉的挑出扔掉，不发霉的包装好，再稍微加价卖给打工的农民工，不但农民工喜欢买，而且自己也能赚些钱。想到这些，他便与烟贩讨价还价，并最终以每件30元的价格购买了40件。他把假烟拉回家后进行了分拣，扔掉了一部分，其余的重新包装好，打算春节后运到郑州的一些施工工地散卖给打工的农民工。

2月10日，丁某借来一辆无号牌的面包车，把包装好的假烟全部装进车内，想在天亮之前运到省城。当其沿国道行驶到一加油站附近时，看到前方发生了车祸，交警正在疏散车辆，他急忙调转车头准备返回。因其驾驶的车辆没有牌照，被交警发现并拦下。丁某停下车，交警用手电筒照了照面包车里面，然后对另一交警大声喊道："车上拉的是烟。"丁某听到后，害怕被抓，打开车门落荒而逃。后来，警方联系到烟草专卖部门，扣押了面包车及车上装载的卷烟，并对卷烟进行抽样检测。

事后，丁某认识到该案的严重性，迫于压力，只好投案自首。

经查，丁某被查获的假冒卷烟有4种不同的品牌，共计1755条。经鉴定，涉案卷烟假冒注册他人商标且为劣质产品，其价值共计86750元。法院经审理认为，被告人丁某为获取非法利益，运输贩卖假冒伪劣卷烟，情节严重，其行为已构成非法经营罪。被告人犯罪后主动到公安机关投案，并如实供述自己的犯罪事实，是自首，可以从轻处罚。最终法院以非法经营罪，判处被告人丁某有期徒刑6个月，缓刑1年，并处罚金人民币2万元。

靠欺骗过日子终究不是长久之计，自己如惊弓之鸟，还严重损害了他人的利益。大量事实证明:一个人在经济活动中,缺乏公道,难以自律,缺少他律,制假、售假、坑蒙拐骗,只能逞一时之快,得一时之利,但最终会身败名裂,甚至还会连累企业垮台倒闭。

有一颗公正之心,才能办公正之事。做人与做事是相通的,很多时候一个人的工作质量、产品质量其实就是他的人格代言,我们想获得一个好的名声,靠的是人格取胜、是质量取胜。我们说"群众的眼睛是雪亮"的,只要不是先天性的,没有谁比谁更傻,只要办事公道,让他人感受到实惠,别人就会回报你更多的实惠。

在河北保定,有一位叫刘洪安的大学生,毕业后卖起了油条,因价格公道,童叟无欺,自称"卖的不是油条,是生活",经媒体报道后,迅速走红。无独有偶,在离保定不远的石家庄,也有一位"油条哥",名叫王奎仲,他坚持用一级黄豆油炸油条,且每天都用新油下锅、炸制,被誉为"一级油条哥",生意越做越红火。

7年前,王奎仲两口子从阜阳市农村来到石家庄务工,他们卖过菜,干过杂工,吃过很多苦,几经周折弄起了一个早餐点。

在石家庄市街头的早餐点,大部分是一口油锅,几张小矮桌,再摆放一些小马扎。阜阳"油条哥"王奎仲的早餐点却与众不同:炸油条用的是干净的早餐车,地上铺着红地毯,桌子、椅子也被擦拭得干干净净,两口子着装统一,白褂、红色围裙。早餐很简单,是传统的豆浆、豆腐脑和油条。与众不同的是,王奎仲的油条吃着特别香。

炸油条的主要成本就是油,一般是1斤面大概用4两黄豆油。炸油条用的都是豆油,但是豆油的质量不一样,价钱也不同。一级黄豆油二百多元一桶,一桶20公斤,三级豆油要便宜很多。一级豆油颜色呈黄色,看着清亮,三级豆油颜色深,吃起来口感也不同。

王奎仲原来没有炸过油条,但是在早摊点上吃过油条。他不清楚其他早摊点怎么处理炸油条的油料,但是为了让他人吃上放心的油条，从他摆摊开始，就坚持用一级黄豆油，炸过的油料，基本上是2天一换，从不超过3天。

王奎仲说："不是我'精神境界高'，做生意要凭良心。"他解释，卖早点卖的是口碑，油料多炸几次，颜色会发黑，炸出来的油条也不香；油换得勤点，口味就好，回头客也多。

尽管王奎仲学历不高，但他知道，油脂不能反复煎炸，油脂在长时间高温作用下会发生化学反应，并能产生有毒成分，变质油脂还具有致癌作用，其危害性不可小视。如果用"烂油"炸油条，顾客吃着不香，也有点昧良心，这个活儿是不能干的。

刚开始，2天一换油，平均2天要用掉1桶，也就是20公斤左右。王奎仲说，由于顾客多，他们两口子忙不过来，还雇了一个人打下手。去掉所有成本，每月的纯收入大概4000元左右。后来，有顾客问他："可不可以每天都换新油？如果每天都换新的，生意好了，也不赔本！"顾客提出来后，王奎仲和妻子盘算了一番，果断地将油料1天1换。

这样下来成本骤增，没办法，他们只能将油条涨价销售，原来1斤卖4.5元，后来卖到6元，算下来差不多要2元一根，比周边的油条价要高出不少。

卖价虽然高了，但是没有顾客埋怨。大家都知道，他的油条每天用的都是新鲜油，生意还是越来越好。现在，王奎仲每天早晨都能卖五十多斤油条。

"算下来，换油没有增加收入，但是也没赔钱。"王奎仲坦言，来吃油条的顾客多了，会带动豆浆、豆腐脑的销量，总的利润还是不错的。

"油条哥"王奎仲的事迹很快引起了上海东方卫视的关注，王奎仲因此还被《东方卫视》邀请做了一期有关食品安全方面的节目。这下，王奎仲倒成了名人，生意更好了。

当前社会，许多人都在昧着良心做生意，弄得人心惶惶。他们以为这样就可以糊弄人，就可以挣"傻子"的钱。事实上，真正的傻子就是这些昧良心的人，假冒伪劣产品、质量不好的产品，只能蒙骗一时，盈利一时，最终失去消费者，失去市场，自己也会被社会淘汰。王奎仲的事例告诉我们，本本分分地做人，实实在在地做事，秉持公道，你的收获将大于你的付出。

我们作为社会的一员，无论是在家务农还是在外务工，我们都不想被别人欺骗，反过来问问自己，我们是否欺骗过他人？我们渴望一个公平公正的社会环境，当我们期望他人公平公正时，自己理应自觉自律，遵纪守法，明礼诚信，童叟无欺。要做到这一点，我们就必须自觉加强道德修养，以平常之心、公正之心对待工作、对待他人，不断提升自己的职业道德水平。如果人人都能以质量取胜，社会何愁不公？

## 3.

# 秉公办事，靠原则说话

有没有这样的时候，你在一个公司里干的时间长了，很多同事成了朋友，还有一些是自己的老乡，甚至是有血缘关系的亲属，于是在工作中你做起事来就不那么认真了，自认为出错了有朋友或老乡照顾，或者是他们在工作中有做得不对的，你也会睁一只眼、闭一只眼，结果很多工作中的原则慢慢地流失了，一旦有什么要紧的事，到了讲原则的时候，一切都变得那么的困难。

外出工作，每个人都希望有一个良好的人际关系，无可厚非。可是，我们得讲方法，讲场合。如果在工作中经常违反原则的"通融"，就会让一些喜欢钻空子的人利用你的"弱点"，导致团队纪律松散，你本人如果总是想着得到他人的"宽恕"，长此以往就会越来越散漫，根本不可能做出什么成绩来。

我们的工作大部分都是通过团队协作来完成的，团队的正常运行必须依靠一些规章制度和原则来维持，这些制度和原则对每个员工都是统一的标尺，如果因为你的"求情"或"通融"而网开一面，那么这些标尺的尺寸就变得不统一了，对其他员工来说不公道，对他人也是一种伤害。因此，秉公办事是一个合格员工的道德标准。我们不能因为"人情"、"同情心"等等原因而丧失了做人、做事的准则。

吴通礼，一位来自贵州苗寨大山里的退伍兵。吴通礼当的是消防兵，入伍4年，他多次在火场上出生入死，5次受嘉奖，一次立功。1994年，吴通礼退伍，但不褪色，在贵州一家企业任安全办主任，8年间，5次获"优秀共产党员"称号。他培训的工厂消防队，在"西南消防大比武"中技压群雄，勇夺团体头名，他则囊括3项个人赛桂冠。

2002年7月，吴通礼南下务工，应聘东莞市以纯集团有限公司消防专员，不久出任安全办主任。从此，这家有23家分厂，近5万名工人的企业，有了一支确保企业财产和员工安全的"铁军"。

以纯集团是一家全国知名的服装企业。服装企业劳动力密集，原料、成品多为易燃物质，生产过程中，大量使用电气设备，线网纵横，素来被列为防火工作重地。防灾胜于救灾。为了一个"防"字，吴通礼完善安全制度，建立日查、整改隐患机制和层级责任制，升级群防群治培训内容，忙得不亦乐乎。

为了安全生产，吴通礼总是秉公办事，从不讲私情。有一次，公司有家分厂搞装修，从外面请来的电工、焊工师傅，未签订安全责任书便擅自施工，还把一些易燃化学品与装修材料混放在一起。吴通礼获悉后，箭一般"飞"到现场，二话没说先切断电源。施工人员都是按工时计费的，断了电不能工作就没钱可拿，施工人员一下子将吴通礼围攻起来。

"你们知道吗？焊花一碰到易燃物立即就会触发火灾！一幢厂房楼高6层，每一层几百名员工，一旦发生火灾，工厂财产受到损失，员工性命也难保！"吴通礼对施工人员怒吼，"我告诉你们，没签订安全责任书，我有权履行职责不让你们施工！"

施工人员一下子安静下来了。吴通礼现场监督，把所有装修材料搬到指定地点存放，直至施工现场清空。最终，施工队按以纯集团防火安全制度补办手续，并依照相关责任条款做足安全防范措施，才得以进场施工。

"施工期间，只要发现有违安全规定，立即停工，别怪我不客气。"吴通礼又给施工队注射"预防针"。

吴通礼做事讲原则，但是他讲得有道理，是正确的，所以，跟他"脸红脖子粗"过后，许多人愿跟他交朋友。

有一次，还是分厂搞装修，施工人员由承包工程的装修公司派来。吊绳已经明显磨损，施工人员系着的安全带，只扣着两条腿，上身毫无防护。

"停下来，马上给我停下来！"吴通礼人未到声已到，他一手紧紧拉着输送工人到6楼悬空作业的绳索，厉声呵斥道，"你们就是不怕，我也为你们心寒，这样也敢把自己悬吊在高空作业？"

工程是承包的。对于装修工人来说，时间就是金钱。一名工人缓过神来后，冲着吴通礼悻悻地说："我们平时也是这样干，没出什么事，你没事找事，耽误我们开工，你赔我们工资？"

"在别的地方施工，我管不着。在我这里，就得按制度办事。有安全隐患，绝不允许施工。"吴通礼斩钉截铁地回答。

"你凭什么为难我的兄弟？"见此情景，装修公司一位老板，怒气冲冲地指着吴通礼的鼻子质问。

"我是为兄弟们的生命安全、为你当老板的着想。"吴通礼心平气和地说，"万一出了事，一眨眼工夫，活生生的生命就毁了，你有再多的钱，都赔不了一个家庭永远失去亲人的伤痛，你一辈子也不得安心。"

吴通礼这番话，触痛了这位老板的旧患。之前，这位老板手下的工人，曾发生两起工伤，虽没出命案，但财"破"了。

这位老板沉默片刻，终于答应安全带和吊绳全换上新的。后来，这位老板还和吴通礼成了朋友。有一次，这位老板在深圳承接了一项工程，由于弄不清楚消防喷淋装置、消防栓布局距离的国家标准，还专门打电话向吴通礼请教。

吴通礼在以纯集团任职的10年间，该公司安全纪录显示，唯一的一次"安全事故"，是工人宿舍一台电风扇差点儿烧坏了电容器。吴通礼所在的部门还获得过全国"安康杯"竞赛优胜班组称号，成为省青年安全生产示范岗。集团和他本人因此当了安全生产先进。而这一切，源自于他对安全生产的严格要求，源自于他一次又一次不讲人情、讲原则的秉公办事。

公司的原则是所有员工利益的集中体现，秉公办事，坚持原则，是每个员工必备的素质和能力。事实上，一个具有强烈事业心的员工，往往具有很强的原则性，他们会像吴通礼一样，处处以公司的利益为重，抛弃私心，即使得罪人，也会做到坚持原则、公正办事。这样的员工才会让同事信服，让领导信任。

而工作中一些看似"能干"的员工，他们不敢坚持原则，遇到矛盾绕着走，处理问题和稀泥，说到底是私心在作怪，他们只能跟少部分人维持良好的关系，大部分人可以谅解他们因经验不足而出现的工作失误，但绝不能容忍不公正的作风。

处事不公，必然失去原则性、号召力和向心力。工作中靠原则说话、办事，既能减少工作上的随意性，保证公平公正，又能减少工作量，降低工作难度。因此，为了赢得发展壮大的机会，我们必须抛开私心，秉公办事，严格遵守制度，坚决按照制度办事，做到制度面前人人平等、不搞特殊，不搞下不为例，以自己的原则性做好公司赋予的每一项工作。

4.

# 求真务实, 靠实干兴业

我们广大农民工朋友都明白一个道理: "种瓜得瓜, 种豆得豆。多种多收, 不种不收。"一个人的获得取决于他所付出的努力, 事业的成功需要务实、实干才能实现的。

在我们的身上, 不缺乏实干的精神, 关键在于务实的心态。有少部分人走出家门后, 被外面的花花世界所迷惑, 丢掉了本属于农村人应有的勤劳苦干的本质, 总有一些不切实际的想法, 不能实事求是地面对自己的处境, 甚至对一些本不属于自己的东西动歪脑筋。

暂且不说那些东西是否真正属于自己、良心是否受到谴责, 这种不通过自己的努力拥有别人东西的行为, 对别人而言本身就是一件很不公平的事, 况且有了第一次的不劳而获, 就会有第二次、第三次的幻想, 久而久之会让人产生惰性, 甚至走上犯罪的道路。

因此, 我们在外务工还是实事求是的好, 踏踏实实地干好自己的工作, 对于意外之财, 本是属于他人的, 切莫生贪心, 这是做人的本质。

2004 年, 孙朝礼从皖北农村老家来到宁波打工, 先是开挖掘机, 后来因为这项工作的地点不固定, 他便跟随老乡一起干起了废品收购生意, 因为态度好、价格公道, 这些年在当地积累了不少客户资源。

2013 年春节前, 家家户户都忙着打扫卫生, 孙朝礼的生意自然也不错。这天上午, 孙朝礼正在某小区内收购废品, 这时一位姓王的业主让他上门收废纸。

到了王先生家, 孙朝礼看到, 王先生和两位朋友正在大扫除，旧报纸、书本、纸箱摊了一地。孙朝礼很快就装了满满两蛇皮袋废品，就在他准备把一本旧杂志往蛇皮袋里放时，杂志的夹页中突然掉出一沓百元大钞。这时，王先生和他的两位朋友正在屋外抽烟，面对这些钱，孙朝礼并没有动心，而是立即告诉了王先生。

"老板，杂志里掉出很多钱，你看看。"听到孙朝礼的叫声，王先生很意外，一开始还以为是开玩笑，当他看到钱后才想起来，大约半年前，他从银行取了40000元，其中30000元拿去用了，剩下的10000元随手夹在了一本杂志里。

"收废品挣的是辛苦钱，收一斤纸盒只能挣一两毛钱，10000元够收多少斤废纸盒啊！"孙朝礼拾金不昧的举动不仅感动了业主王先生，而且迅速在当地传开，他也因此被网友赞誉为"最美破烂王"。

对于外界的赞誉和媒体的关注，孙朝礼却不以为然。他说："我曾多次遇到过类似的经历，但捡到这么多钱还是头一次，还钱只是做了应该做的事，那些钱本来就是别人的。我收废品一年也挣不了几个钱，这10000元对我来说的确是个大数目，可这笔钱毕竟不是自己的，拿了心里也不踏实。自己挣钱虽然有些辛苦，但是心里踏实，每分钱都是自己实干挣来的。"

类似的新闻还有不少：

2011年5月27日，在宁波创业的山东青年韩军在一个公交站台发现一只黑色女式皮包，为此他足足等了失主半个多小时，却依旧没人来领。于是，他打开包，发现里面有十多万元现金。韩军尝试着按包里一张名片上的电话号码拨过去，在确认身份后，他主动将包还给了正焦急万分等待奇迹出现的失主张女士，并婉言谢绝了对方两万元的答谢。此时的韩军背负40万元房贷，公司还急需一笔资金周转，来宁波创业的他无时无刻不在为钱着急。可是面对巨款时，他却决定寻找失主，如数奉还。

2011年12月的一天，来自湖北的几位农民工捡到了一笔巨款。当时,他们正处于工友受伤却无钱医治、生活困难四处借款的窘困境地,但这几位农民工却没有把这笔钱据为己有,而是及时交还了失主。

故事中这些善良的农民工,是中国千千万万普通农民的代表,他们为生计背井离乡,他们任劳任怨,干尽脏活儿苦活儿累活儿,但他们也有自己的财富观。习惯了靠汗水换来金钱,羞于不劳而获,他们可能没有很高文化知识,讲不出什么大道理,然而,他们却明白一个明明白白、简简单单的做人道理:"不是我的钱一分也不要,是我下力挣的钱我一分也要争取。"正是因为有这样一种心态的存在,社会才多了一些公道,少了一些自私,多了一些和谐,少了一些不安。

求真才能务实,实干才能兴业。我们都是怀揣着理想而来的,我们的理想不是通过损害别人的利益而实现的,我们要辨别是非,分清公私,秉持公道,把落脚点放在实干上,只有这样才能心无旁骛,专心发展自己的事业,也才能一步步地缩小现实与理想的距离。

# 5.

# 公私分明,靠薪水养家

公私分明是做人的基本准则,也是职业道德对员工的起码要求。员工要想在一个企业有好的发展,就必须做到公私分明。

我们为企业工作,企业付我们薪水,我们的付出与收获基本上是对等的,在此之外,还想着侵占公家的利益,对自己的职业生涯而言,是十分危险的。当个人与公家"彼此不分"时,合法与非法利益界限就会变得很模糊,这种混淆公私,把职权当特权、用公权换私利的现象,不仅是导致腐败的重要诱因,更是与我们当初走出家门挣钱养家的宗旨背道而驰。没有哪个企业喜欢损公肥私、中饱私囊的员工,这样的员工一旦被企业发现,只有一个下场:走人。

公私分明并非否认个人正当权益。我们外出务工的目的是希望挣更多的钱,让自己的家庭过上更好的生活。但是,这个钱是需要通过正当的途径在工作中去挣取的,而不是违反原则,损公肥私,或者"近水楼台先得月",拿集体和他人利益来经营自己的"安乐窝"。

公私不分,百害无一利。反之,人做到了公私分明,就能一心为公,廉洁自律,就能宽以待人,公道正派,就能管住身边的人,做好自己的事,就能平等地对待一切事,平等地对待所有的人,就能表里如一,言行一致,刚正不阿,就能自觉地学习,自觉地接受监督,遵纪守法,努力工作,就会淡泊名利,宠辱不惊,就会受到同事的爱戴和领导的器重。因此,公私分明是我们每一个人修身、处事、从业、待人的价值尺度,我们每一个人在生活、工作、学习中应该努力去实践它。

1999 年,李代建进入广东开平市春晖股份有限公司做了一名普通的技术员。当踏进公司大门的那一刻,他就告诫自己:"哪怕拿一分钱的工资,也要为公司发展尽全力!"然而,就是这句话,让他对家人深感愧疚。

2007 年 7 月的一天,轻纺机的关键部位出现故障。晚上 8 时半,妻子来电话说小孩发高烧得马上送医院,让李代建赶快回家。外面,风大雨大;这边,故障没排除,工人都在等着。"我现在走不开,你自己送孩子到医院吧!"李代建语气平静。深夜 12 点半,当李代建脚踩雨水拖着疲惫的身子回到家时,妻子和孩子都睡着了。悄悄地看着两张熟睡的脸,李代建顷刻间百感交集。

2008 年 2 月,李代建因工作出色,被提拔为副厂长。恰在此时,他大学刚毕业的外甥说想到公司做事,一边是专业不符的外甥,一边是自己也主张的择优用人制度。一直都以身作则的李代建最终选择了拒绝。"孩子上的是本科，在那么大的公司里找点事做你都不愿帮忙，要知道你不光是副厂长，还是孩子的舅舅呀！"姐姐的话让李代建心痛不已，不过，李代建更深知："企业的用人制度一旦失去了公平、公正，后果不堪设想。"

李代建成为副厂长后，手中有了权力，经常会有一些供货商找到他，希望能与他合作，然后给他提成。2009年7月末，厂里的纺织机因聚合系统发生故障而急需购买价值二百多万元的配件设备。供货商很快得到消息。有一天晚上，李代建刚刚下班回到家，一个做阀门生意的供应商就找上门来。遭到李代建谢绝之后，供应商的表态却更加直白："我会给你提成的，有钱大家一块儿赚！"

"我知道你是对竞标没信心才来找我，其实你的配件质量过硬、价格也合理，完全没有必要来我这里搞些请客、送礼的额外支出。"揣摩着李代建的话语，供应商眼神里全都是将信将疑。不过，令他没想到的是在事后的第三天，他的产品顺利通过审查并在同行业的竞争对手中脱颖而出。"采购制度公平、透明，生意轻轻松松地就做成了！"供应商特意来到李代建的办公室，诚心诚意地向他竖起了大拇指。

李代建从不越红线半步，他希望自己所花的每一分钱都是清清白白的，都是靠自己的工资。2009年春节前夕，一位东北的轻纺机配件供应商给李代建打来电话，说准备给他寄一箱当地的特产。对方还没把话说完，李代建就急急地挂断了他的电话。后来，东北朋友见到李代建后对他说："这都几年的生意往来了，你还这么认真！我这又不是为了贿赂你，一点土特产不就是表达个感谢的心意嘛！"供应商的话说得合情合理。然而，这个东北的朋友显然还不太了解李代建，当他再次提出要把特产寄过来的时候，较真儿的李代建丢过去了一句话："你可别寄啊！寄了我也不去取的！"

正是这种公私分明的精神，使得李代建深得公司器重。他自己也在事业的道路上越走越远，得到了宝贵的收获：2008 年，李代建被评为"江门市劳动模范"；2009 年，被评为"广东省劳动模范"；2010 年，被评为"全国劳动模范"。连续 3 年，李代建实现了人生的"三级跳"。

从走上岗位的第一天起，我们就面临着公与私的考验。正确处理公与私的关系，克己奉公，是对职业道路是否长久的基本保障。

公就是公，私就是私，公私不能相混，我们只有时刻牢记这一点，才能做到先公后私，大公无私，公而忘私。

# 第五章

践行服务群众宗旨：
以服务的态度尽职履责

# 1.

## 每一个人的工作都是为别人服务

凡生活在社会里的人,都不可能不与社会和他人接触,其中最频繁的就是每一个人都必须与社会上的各种职业活动打交道。人们的衣食住行无一不需要与有关职业接触。人与职业活动的接触渠道最多,因此,就会受到各行各业职业道德给予的影响:走出家门,就接触到清洁工人打扫的街面是否清洁卫生;坐车就会遇到司售人员的服务是否令人满意;购物也会碰到商品质量、购物环境、劳动服务等问题,这些都涉及各行各业的职业道德是否良好的问题。

我们生活在职业活动之中,不断受到职业活动和职业道德的影响,又把它通过自己传递到另一个职业或许许多多职业方面去,从而引起多种多样的连锁反应,给整个社会带来影响,这就是职业道德的传递感染性。例如,某人坐公共汽车遇到司售人员的恶劣服务就很不愉快,那他在自己的职业活动中就可能把坐公共汽车受到的"气"设法宣泄出去,如果是服务员,他就把"气"撒到顾客身上,如果是医务人员他就可能把"气"宣泄到病人身上,如此恶性循环会影响整个社会风气。

因此,中共中央在《关于社会主义精神文明指导方针的决议》要求:"加强那些直接为广大群众日常生活服务部门的职业道德建设,反对和纠正带有行业特点的不正之风。在我们社会里人人都是服务对象,人人又都为他人服务。社会的安宁和人们之间关系的和谐同各种岗位上的服务态度、服务质量是密切相关的。"

作为一名进城务工者，我们需要工作，更需要明白每一个人的工作都是为别人在服务，而搞好服务质量，改善服务态度的核心是加强职业道德建设。服务态度、服务质量是职业道德的外在表现，只有具备良好的职业道德才可能有持久的、良好的服务质量。因此，培养良好的职业道德对为群众服务的宗旨有着无法替代的积极作用。

1965年9月6日，19岁的邓贤国在工地干活时，从脚手架上摔下，左腿膝盖以下被截肢。从那以后，他的生活中就少不了拐杖。

2010年，不甘于白吃白喝的邓贤国带着妻子从四川资阳老家来到成都。他想着找点活儿干，一是想减轻儿女的负担，二是想为社会做点贡献。可是，大半辈子都忙碌在农田里的他没有其他技能，左腿残疾也给他找工作添了很多阻力。看到成都新蜀环卫公司的招聘信息后，邓贤国高兴极了："扫地我能干啊。"在家什么农活都干的他兴奋地前去应聘，但用人单位又一次将他拒之门外。

"环卫工作很辛苦，我们怕他受不了，所以当时没敢要他。"新蜀环卫公司的经理说。已经63岁的邓贤国坚持要扫两天马路给公司领导看。两天后，他成了新蜀环卫公司唯一的残疾员工。邓贤国用他的坚强换来了这份工作，他也十分珍惜。

从此，邓贤国除了一根木制的拐杖，每天还要与扫帚、簸箕为伴，穿行在车水马龙的大街上。看到地上有一片纸屑，邓贤国就要停下来，先把拐杖紧紧地夹在左胳肢窝下，腾出左手，将簸箕拿到垃圾处，然后右手拿着扫把把垃圾扫进簸箕，随后再把簸箕换到右手，左手拄着拐杖，走向垃圾桶。每一天，这一组动作他要重复上千次，自制的木头拐杖已满是裂痕。当上环卫工后，每一年他都要用坏一根木制拐杖。

邓贤国负责的路段大约有500米左右，这是他的"地盘"。公司的要求是干净，而他对自己的要求是看不到任何垃圾，哪怕是一个烟头。每天清晨，环卫工们 5 点就要到岗。腿脚不便的邓贤国 4 点起床，简单吃过早饭后，就会赶到他负责的路段。中午 11 点半，他回到租住房吃午饭，下午 2 点又匆匆忙忙赶回工作地。

一般人早上细细扫一遍后就坐到路边，脏了再扫，但邓贤国从来都不坐着，总是不停地回来"巡视"着自己的"地盘"。附近很多居民和商家都亲眼目睹了几年来邓贤国是怎么挂着拐杖，把大路打扫得干干净净。作为回报，他们不再随手把垃圾甩在路边绿化带里，也会教育孩子，要把零食袋子扔进垃圾桶。"掉一点垃圾，他就挂着拐杖跟在你后面捡，怎么还好意思乱丢啊。"一位摆摊的小贩说，因为邓贤国的认真，他每晚收摊时，都会仔细把垃圾装起来扔进垃圾桶。

下班后，回到只有五六平方米的租住房，邓贤国第一件事就是倒一盆热水，脱下套在左腿截肢处的棉袜子，用手蘸着热水给左大腿做一会儿自创的按摩操。一天工作结束，他的左大腿会变得冰冷，热敷和按摩会让它好受些。虽然工作辛苦，但邓贤国说话时却总爱咧着缺了一颗牙的嘴大笑。"在老家干农活更累，现在就是扫扫地。劳动让我感到光荣愉快，是我自己想做这个工作。"他很满足于现在的工作。

邓贤国很珍惜这份来之不易的工作。虽然腿脚不便，但他打算再好好干几年，他说："扫地我干得来，干不动的时候再回家。"

人与人之间是要互利互惠的，企业为我们提供工作，给了一个挣钱养家的机会，这是企业在为我们服务，当我们通过自己的劳动，在工作中创造出价值，这是我们为社会所做的贡献。因此，每个人都是有价值的，每份工作都是有意义的，要想充分实现自己的价值，那就要看我们如何去服务他人，服务社会。只有在为他人服务的过程中，我们的人生价值才能得到充分的展现。

人的生命是有限的，为人民服务是无限的，不管我们外出务工的出发点基于什么，我们所做的工作最终落脚点都是为人民服务。与其被动地去工作，不如提高自己的职业道德和思想素质，变被动为主动，以服务的意识投入到工作之中，以服务的态度尽职履责，或许我们会收获一个美好的未来。

## 2.

## 为别人服务的同时也在享受别人的服务

生活在这个世界上，个人不是独立的，而是互动的。虽然我们是付出了代价的，但是我们很多工作的成果，并不是自己享受，而是通过一定的手段进行转移，那么我们就可享受别人的劳动成果、物质财富。相反，我们自己的劳动，也不是纯粹为自己的，而要分享给他人，从而实现个人价值。

另一方面，当我们处处为别人着想了，那么自然而然别人也会考虑我们的问题，替我们着想的。因此，在社会生活中，许多人都在为我们服务，我们也应该尽力为他人服务，这是社会生活和工作中人们应当遵循的道德准则。

鲍兰山是送气站一名普通送气工，十多年前，当他从老家麻城市龟峰山下一个山村南下打工时，他从来没有奢望着有朝一日能在城市里安家。鲍兰山仅上了一年初中，没有一技之长，只能到建筑工地上做力气活儿，搬石头、下水泥，什么脏活儿、累活儿都干过，但这些活儿并不是他理想中的工作，在广州、深圳等地辗转几家工厂后,他回到了离家乡近的省城武汉打工。

1996年,原武汉煤气公司招送气工,在老乡推荐下,鲍兰山去试了一个星期,就决定留下,这一干就是十多年。这份工作带给他的最大感觉就是:"蛮自由,送气单来了,扛起来就走。没气送时,和工友们聊聊天,蛮好。"

就是这份为他人服务的"自由"工作,鲍兰山格外珍惜,也从中得到了应有的回报。送气时,一些别人不愿意做的活儿,不愿意跑的地方,他都做。几年下来,他没有一起客户投诉。

有一次,送气中,他碰到一个残疾家庭。这个家庭中老先生的正处壮年的儿子遭遇车祸,成了植物人。从2002年开始,鲍兰山就不收老人的送气费,平常就帮老人干点力气活儿。直到2011年,他调到别的站点。

在送气行业,有些非法气点人员常利诱送气工,用劣质煤气坛换正规气商的好坛子。鲍兰山见过,但从来不动心,他说:"我就不敢干,因为要对得起良心。"

工作虽然"自由",但是其中的委屈和感激只有鲍兰山自己知道。有一年夏天,他中午冒着近40度的高温为一位8楼用户送气。当时用户说在家里,他扛着坛子上了8楼,怎么拍门都没人应。那时手机也未普及,没办法,他又扛着坛子下楼,重新用公用电话联络。结果,用户就在家里,因为坐在里间吹空调,没听到。鲍兰山只好又扛着60斤的坛子,再上8楼。上去后,对方还劈头盖脸埋怨他送晚了。还有一次,2008年雪灾那年,路上都是雪。鲍兰山几乎是一路摔着跤,送气到小东门。平常半小时路,那次多花了一小时。到达后,用户看到他满身的泥,仍怨他送迟了。

碰到这些事,鲍兰山就忍,因为生活中不仅仅有委屈,还有感动。

鲍兰山在武汉煤气公司中北路送气站,有个姓吴的客户经常来换气,上下班也要经过站点。一来二去大家熟了,客户特别信任鲍兰山。有一次，这位吴先生有急事，要他送一坛气。可是，家里没人怎么办？这位吴先生竟然把钥匙给鲍兰山，把钱放在客厅桌子上让鲍兰山自己取。鲍兰山回忆起这件事，十分感动。他说："被信任心里头真是一种感激。"有时送气赶上吃饭时间，用户留他吃饭。鲍兰山口头上拒绝，但心里还是很开心的，说明用户没把他当外人。

2006 年，鲍兰山光荣入党。宣誓时，他感到特别庄严、严肃。成为党员后，他觉得是荣誉，也是压力，"总觉得背后有双眼盯着自己"。有的送气工因送远送近闹情绪，鲍兰山总要主动站出来送，"我是党员呀！别人盯着在！"2009 年，鲍兰山当选武汉市劳动模范称号，成为一名送气"明星"。

更让鲍兰山感动的是，十多年来，他不仅为武汉的千家万户扛了 10 万瓶气，还为自己在省城"扛"出了一套房子。

扎扎实实扛煤气 5 年，一个"意外"惊喜降临鲍兰山。2001年，武汉市评选杰出进城务工青年，原武汉煤气公司因鲍兰山送气服务好，推荐他后成功当选，他同时获得武汉市蓝印户口。有了武汉户口，鲍兰山有了新的梦想：在武汉买房！

2004 年，鲍兰山结婚，妻子是老家人，有了孩子后，他买房的想法越来越强烈。2007 年，鲍兰山看中武重宿舍一套二手房，60 平方米左右，二十多万元。鲍兰山拿出多年的积蓄，付了首付。为了办贷款，他甚至向银行提供了杰出务工青年证书和各种荣誉证，证明自己是个讲诚信的人。贷款最终办了下来，他拥有了一套二手房。

2010 年，鲍兰山所住的二手房碰上拆迁，拆迁款算下来，正好抵了房贷，还建的房屋面积变大，成了三室一厅。这个新家离孩子学校和上班地点步行都只要 15 分钟，他感到日子越过越轻松。

从一名四处飘零的进城务工者，到一个送气"明星"，成为一名武汉人,到最后拥有一套住房,鲍兰山在走出农村老家的那一天,是怎么都不敢相信自己能过上这样的生活。每当夜幕降临时,我们带着一天的疲惫,看着星星点点的城市灯光,总会对自己说:"在大城市拥有一套房得不吃不喝多少年?"然而,鲍兰山吃了喝了,苦过也乐过,最终拥有了看似不可能拥有的房子。这能归结为幸运吗?难道他扎扎实实送出的 10 万瓶气,掺假了吗?

可见,付出就会有回报。当我们为别人服务时,也有无数的人在为我们服务,我们也在享受着他人的服务。只有自己为别人尽到责任,为别人着想,才能换来别人对自己的回报,对自己的感谢,两种关系密不可分。

## 3.

# 树立"我为人人,人人为我"的观念

有一个故事:

> 一个女人在教她的孩子:"我们每个人做的最基本的一件事就是服务别人。"
>
> 孩子说:"我了解,但是有一件事我无法了解:别人要做什么?"
>
> 母亲说:"当然,他们也会服务别人。"
>
> 孩子说:"这就奇怪了,如果每一个人都在服务别人,为什么我不服务我自己,你也服务你自己?"

不仅天真的孩子难以理解"我"与"人"的关系,就连许多在外务工的农民工朋友也很难弄明白两者之间的关系。其实，人际关系既复杂又简单，早在两千年前，圣人孔子就阐明了两者之间的关系，他说："己所不欲，勿施于人"、"己欲立而立人，己欲达而达人"。国家制定的"十二五"规划建议更是明确地提出："提倡修身律己、尊老爱幼、勤勉做事、平实做人，推动形成我为人人、人人为我的社会氛围。"

主张"为他人服务"，当然要强调"我为人人"，但并不因此就否定"人人为我"。如果要求一部分人只提供服务而不享受服务，"为他人服务"岂不失去了一部分服务对象？如果要求个人无条件为集体牺牲一切，甚至放弃合理正当的利益追求，这种无视个体权益的"集体主义"何来感召力，又何来"可持续发展"？

在市场经济中，每一个"经济人"都追求利润最大化，由此演出了一部部激烈竞争的活剧，优胜劣汰，效率大增。这是一个"我为人人"的过程。随着自己的付出，在"我为人人"的过程中，"人人为我"的合理诉求也会逐步得到满足。正所谓，先做好、做大蛋糕，才能人人分到蛋糕。因此，在社会主义市场经济条件下，"我为人人、人人为我"，从根本上并不矛盾冲突，反而可以实现双赢。

1993年2月，范少平和丈夫带着3个孩子从广东英德农村来到了清远，后经亲戚介绍成为了清远清城区下廓环卫站的一名环卫工人，那时候范少平每月的工资只有130元。每天凌晨3点就得起床，4点就要开始一天的工作，直到11点才结束上午的工作，下午2点到6点还得进行清洁维护。当时她在市场做环卫工作，因设备不充足，垃圾多、人流量大，很多鸡毛鸡屎，每天凌晨要打扫干净，白天要上岗保洁，每周要用水洗地两次，工作时间长，劳动强度大，一度让范少平想要放弃这份工作。不过，她的家庭情况并没有给她这样的机会，周围的工友们也常常互相开解，做着做着就习惯了。

这一习惯就是20年，范少平做过大街保洁员、垃圾收集员，也做过卫生质量巡检员、环卫站出纳员等工作。无论在哪一个岗位,她都始终保持一名环卫工人特有的爱岗敬业与无私奉献的本色,用自己的实际行动,践行"宁愿一人脏,换来万人洁"的环卫精神。"去哪里都是要做事的,环卫工也是靠双手吃饭,不丢人。"范卫平骄傲地说。

在投身环卫事业的 20 年中,范少平先后做了 8 年的环卫工人,1 年的巡检员和 6 年的出纳员。在这些工作岗位中,范少平觉得,最难的也许就是出纳员的工作了。

环卫站的出纳员并不单单肩负着出纳工作,还包括上门收取保洁费——这是最难的部分。范少平在 6 年的工作中遭遇过刁难、辱骂和不理不睬,然而每次她本着服务的心态,以温和的言语和灿烂的微笑一一化解,那些伤害过她的人如今都成为了她的朋友。

有一次,一间大排档不肯缴款,范少平前后去了 4 次,第一次店员以老板不在为借口推辞,第二次又是这样,第三次老板虽然在,但是却以激烈的言辞辱骂她,并将她的袋子和记账本丢出门口。面对这样的情况范少平没有动怒,她笑着说:"如果我这时候硬和他吵也没什么意思,而且我们也算是服务行业,一定要以服务的心态来面对这些住户。"所以,当时她默默把东西捡起来就走了。第二天,范少平又去登门拜访,并不厌其烦的地摊主解释政策规定,她的持之以恒最终打动了这位大排档老板,他乖乖地将保洁费给缴了。

"做环卫收费员,就要把自己的大脖子捏成小脖子,不能动气,要耐心,忍。"范少平说。正是由于她的这种坚持和忍耐,让她在出纳员这个岗位上取得了市区 6 个环卫站收费最多的突出成绩。

范少平的服务理念不仅体现在工作上,还处处体现在生活之中。她是一个乐观、爱笑的人,但是就是这样一个乐观的人却尝尽了人间的酸甜苦辣。

上世纪 90 年代,范少平一家刚刚来到清远时,她最小的一个孩子才 5 个月大，一家四口和婆婆一起挤在一间小小的出租屋内，生活十分困难。为了维持家庭的日常开支，她丈夫不得不出外打工，家中的重担全都落在她一个人身上。虽然要分心照顾家庭，但是，她并没有耽误工作，相反，凭着对环卫事业的热爱，她更加积极地做好本职工作，将每项工作做得更细。2006年 12 月，范少平的丈夫患重病过早地离开了她，随后她的婆婆也去世了，一连串的打击让坚强的范少平一度沉浸在难言的悲痛之中。当时的环卫工作任务艰巨，环卫站的每一个工作岗位一刻都离不开人。她处理完亲人的后事，抹干眼泪，很快又重新投入到工作中。

由于范少平工作认真负责且表现突出，又备受广大环卫工姐妹们的爱戴，2009 年她被提拔为环卫站站长。虽然岗位变了，但在范少平心中，维护城市清洁卫生的责任没有变。"做这行，休息日节假日要出来巡街，所以这些年都没有过周末的习惯。"即使不在保洁一线，范少平每天上班前，都要先到管辖的各条大街小巷去巡查一圈，一方面检查大家的卫生工作，一方面也是为了给工友们提个醒，让他们多注意安全。

范少平所负责保洁的区域都在老城区，房子都是 9 层高的楼梯房，共有 18 栋之多。这意味着，环卫工们每天都要爬 18 栋9 层楼高的楼梯去收垃圾，基本上每日任务区域人均打扫面积为 7000 平方米。为了打扫这些区域，她和工友们每人每月至少要扫烂 2 把扫把。风吹日晒对环卫工来说是家常便饭，一天 24小时，他们几乎有 12 个小时是坚守在自己的工作岗位上的。范少平最烦的时候是下雨天，不仅打扫工作难度大，人也常常被淋湿。不过只要街坊一句"今天街道很靓哦！"的夸奖，就可以让范少平忘了所有的疲惫和心酸。

对于自己手下的兄弟姐妹们，范少平总是耐心地帮助他们。有些新入行的环卫工人不适应凌晨开始工作，范少平会陪同他们一起早起清扫，帮助他们熟悉和适应工作。空闲的时候，范少平会给他们讲讲自己十多年来的清扫经验,如大街小巷要先扫哪里,扫帚怎样拿扫得最干净且少磨损,垃圾车怎样推拉最省力,马路向哪边清扫能安全避开车辆……范少平还总结了一些技巧:"重点路段勤打扫,人多之处见空扫,垃圾多时突击扫,饮食摊旁轻轻扫,灰尘多时压着扫"。

经范少平的推广传授,她所在的环卫站业务水平很快上来了。2011年,范少平带领的环卫站获得清远市先进集体荣誉。范少平也多次被授予"清远市优秀城市美容师"称号,2012年还荣获"全国五一劳动奖章"。

也许是职业的习惯,在范少平的心中,什么事情都是以服务至上,她觉得,只有自己真心实意地服务别人,反过来,别人才会真心实意地为自己服务。


集体和他人是不会无视个人付出的,社会会以某种方式作为个人的回报,这便是"我为人人、人人为我"的生动体现,也是物质财富与道德追求的高度结合。

或许有人会说:"我不是圣人,我出来务工的目的只是挣钱。"没关系,圣人不是说出来的,你只需要在每天的工作中修身律己、勤勉做事、平实做人,做好"常事",挣钱的同时,也就做到了"我为人人、人人为我"。倘若推而广之,社会关爱人人,人人感恩社会,每一社会成员都充分感受社会的温暖与和谐,反过来"滴水之恩,涌泉相报",更加努力地回报企业、回报社会。如此良性循环,不就是"我为人人、人人为我的社会氛围"吗?

4.

# 端正服务态度，文明工作周到服务

很多人将服务看作是一种管理，以为优质文明的服务水平必须依赖于严格、规范、科学的管理。不错，一些企业对员工制定了严格的管理制度，包括岗位规范、统一着装、仪表举止、文明用语、电话用语等，这些严格规范的管理制度确实有效地促进了员工优质文明服务水平的提高。然而，对于这种管理，员工是被动接受的。况且，制度是死的，人是活的，制度不可能在员工心中落地生根。从根本上提高优质文明服务水平，我们必须从态度入手。

服务水平的高低，体现的是员工的文化内涵和精神风貌，展现在公众面前的是一种品牌。因此，服务的好与坏不完全是个人的事，还关系到企业和集体的形象。明白了这个道理，我们才能端正服务态度，自觉地将个人素质与企业形象联系在一起，树立一种正确的价值观念、职业道德、敬业精神，以企兴我荣为服务理念，以优质服务、文明周到为标准。

当我们的服务意识占据着我们的思想时，我们积极、主动地将服务理念联系到工作的每一个环节之中，才能真心、细心地为集体、为他人着想，从而实现文明工作周到服务的效果。

2008年11月16日，清远石油公司加油站一名普通站长心潮澎湃地走进了人民大会堂，作为1000名全国优秀农民工中的一员，等待着国家领导人的接见。她就是黄素银。

次日返程的她甚至在广东花都国际机场，面对着迎接的人群，依然激动不已。她坦言，就在几天前去北京的路上，心里还忐忑不安。这次领奖，对自己的触动很大。同行的全国优秀农民工代表比自己优秀,自己原来也对工作有诸多要求。现在她要做的就是不断检讨,再检讨自己。

2004年6月,黄素银被招入中石化广东清远石油分公司。当时,公司给她的职位是"后备站长"。她被安排到广州实习,没有具体的工作安排。无奈之下,只有去洗厕所,这样一洗就是3个月。如今,身为站长的黄素银,每天7点半,上班的第一件事就是检查厕所,如发现不干净就亲自动手洗刷。

自入职该公司以来,黄素银先后被调往5个加油站工作,但她的心态很好,每次都能坦然接受,并在新的岗位上干出一番成绩。

2006年3月,时任太和油站站长的黄素银被公司调到金碧油站。当时金碧油站的站长和出纳因为经济问题被撤换,油站管理处于落后状态,员工工作积极性不高。接手金碧油站的第一天,针对油站环境卫生较差的状况,黄素银召开站务会分配卫生场地,看到员工们应付式的工作态度,黄素银没有出言责怪,而是带头动手干了起来。20分钟后,一名男员工拿起扫帚来了,又过了一会儿,另一名女员工拿起抹布来了,紧接着,更多的员工拿起清洁用具了……

2007年9月,黄素银再次被公司调到金城加油站担任站长。作为清远公司第一座形象改造站,也是地处市中心繁华地段的保供重点站,金城加油站担负着公司的莫大期望。当时油站流失了大批老客户,销量由改造前的日均13吨急剧下降到5吨,个性要强的黄素银急得吃不下饭、睡不好觉,她一家客户一家客户地登门拜访,不少客户都为她这种敬业精神所感动。最终,不但大多数流失的老客户回了头,还新增了十几个小额配送单位,清远市经贸局等一批大客户也开始在油站定点加油,油站各项经营指标翻了一倍以上,在2008年一举跨入了万吨站行列。

黄素银常常和员工们说:"作为服务行业,要谨记咱们一言一行都代表着油站形象,影响着油站销量。"她狠抓规范服务,要求员工做到"来有迎声、去有送语",严格按"加油八步法",养成眼快、手快、脚快的好习惯。她还因地制宜地在油站推出了供应饮用水、配备小药箱、提供针线包、公布天气预报、提供旅游地图和简易维修工具等便民举措。

黄素银还公开承诺服务"七个一样":即"大车小车一个样"、"生客熟客一个样"、"加多加少一个样"、"白天晚上一个样"、"忙与不忙一个样"、"心情好坏一个样"、"顾客态度好和不好一个样",还专门请了几位老客户作为特约服务监督员对油站的服务水平进行监督。

黄素银现在所在的金城加油站是城区重点保供站,每到柴油资源紧缺或春运客流高峰期,保供压力都会空前加大。为了解决加油高峰期人手不足的矛盾,黄素银经常在工作允许的情况下,主动帮休假员工顶班,和加油员一道为顾客加油。在金城油站,由于协作紧密,得以抽出一名员工上机动班,灵活应对客流量突增等情况,当班员工还可以安心吃好饭,凝聚力和服务质量得到有效提升。

在保供期间,金城油站因为秩序好、服务快,不但没有流失客户,反而增加了一批固定客户,还受到了当地政府和群众的充分肯定,2008年3月被清远市妇联授予"巾帼文明岗"称号。黄素银本人也多次获得公司先进工作者、经营管理能手、优秀加油站站长、达标创星先进个人等称号。

作为站长,黄素银精心营造加油站"家"的氛围,每月举办两次"欢乐时光"厨艺大赛,改善员工伙食,增进员工交流。也曾有员工提出不如到餐馆"搓"一顿省事,黄素银向他们算了笔经济账:"到餐馆吃一顿最少也要二百多元,够买好几只鸡和鸭了,再说当班的员工也去不了,将心比心,换作自己会是什么感受?"在2008年抗寒保供最艰苦的日子里,她垫钱采购了各式各样的食物,将油站的冰箱塞得满满的,每天亲手备菜煮饭,让员工都能吃上热乎乎、香喷喷的饭菜,能够精力充沛地上岗,能够在天寒地冻中给顾客送去暖意温情。

文明周到的服务是一项长期的系统性工程,从我们入职的第一天,就应当将这一理念转化为自觉的行动,深入到工作之中,就像黄素银那样为自己的服务例出"几个一样"来:"大车小车一个样""生客熟客一个样""加多加少一个样""白天晚上一个样""忙与不忙一个样""心情好坏一个样""顾客态度好和不好一个样",当我们真正实现了工作中的"几个一样",就会发现:自己的工作变得真的和原来不一样啦!

工作的性质大体差不多,就看你的态度如何,是否投入精力、用心做了,工作的结果是最好的检验。拿出你希望别人对你的服务标准来服务别人,其实我们很容易做到文明工作周到服务的要求。

# 5.

## 摒弃个人主义,实现共赢

在德国,有这样绮丽的景色,家家户户都养花,家家户户都把花养在窗户外面,从街上看去,家家户户窗前都是花团锦簇,姹紫嫣红。家家户户都是花朝外盛开,从屋里只能看到花梗。

据说,德国人是为了排解二战后的苦闷心情才开始养花的,把花养在窗户外面,美化了环境,净化了空气,装扮着城市,更是净化了人的心灵。那朵朵盛开的花儿,那片片斑斓的花海,治愈了德国人战争的创伤,又繁衍形成了一种民族文化,民族精神。对于爱花的民族,这是养花的最高境界,每个人都能从中得到别人的馈赠,从而实现共赢。真的很了不起!

中国人正好与德国人种花的习惯截然相反。中国人喜欢把花种在屋子里，自娱自乐。当然，这只是两国人民的习惯不同罢了，无须刻意追求的结果。然而，就是这么一个小小的不经意的行动，却给我们带来了无尽的思考和反省……

在我们的心中，我们所做的每一件事，都是以先满足自己为目的，"人不为己，天诛地灭"，这种想法无可厚非。要是人人都有这种想法，设想一下，这个世界会变得多么的可怕，人与人之间除了利益没有任何感情可言。世界之所以这么美好，是因为还有很多人"不为己"，摒弃了个人主义，愿意为他人付出，为他人服务，他们的结果也没有俗话所说的"天诛地灭"那么可怕，相反他们赢得了别人的尊敬，实现了与大家的共赢。

外出务工是人生的一部分，挣钱是为了让生活更美好，如果我们挣钱的过程是以失去美好的生活为代价，挣钱还有什么意义呢？岂不是违背了我们外出务工的初衷吗？大部分农民工朋友因缺钱而外出，但钱并不是生活的一切，世界上还有很多美好的东西值得我们与他人一起去分享。

全国青联常委、河南在京志愿者团体负责人、"北京好人"、"感动中原十大人物"、"河南省新长征突击手"、"全国劳动模范"、"北京文明新市民"……谁也不会想到，这一连串头衔和荣誉的拥有者竟然是一名普通的农民工。这个当初来到北京两个月都找不到工作的农民，十年如一日，坚持做公益，带出了一支870余人的志愿者队伍。他就是被温家宝总理称为"北京好人"的河南农民工李高峰。

究竟是什么让一个普通的农民工获得如此盛誉？这背后有着怎样不为人知的故事？

2001年，李高峰和妻子毛红侠从河南扶沟来到北京，来之前他曾在老家做过一段小本生意，在村里算是个能干人。可是，生意越来越不好做，家里地也少，一年忙到头还落不到2000块。没办法，只好外出务工。

跟所有怀揣梦想来北京打拼的年轻人一样，李高峰当初来北京就是想多挣点钱,让孩子们上个好学,将来能有出息。然而,一个只有中学文化程度的普通农民,在北京这样一个人才济济的大都市很难找到合适的工作。

两个月时间很快过去,李高峰仍旧没能找到工作。为了生活,他推车卖起了烤红薯。当时,他与妻子租住在朝阳区甘露园西里,那里属于城乡结合部,附近有一条二道沟河,沿河的居民长期把生活垃圾随意丢弃在河里,甚至还向河里倾倒粪便,长此以往,排水渠变成了臭水沟,一年到头臭气熏天。

"我当时很看不过眼,就自己掏钱买来了工具,亲自下河清理垃圾。周围人都说我傻,但我觉得自己在做一件有意义的事情。"当时的李高峰并不知道自己所做的是一件公益环保的事情,后来在遇到被誉为北京市"环境之星"的范伯诚老先生后,他才知道"环保"这个名词。

在范伯诚的带动下,李高峰开始有意识地投身环保公益事业,从延静里中街至平房乡长达5公里的河道中,他们先后清理出上千车垃圾,他们建议周边街道办事处在居民集中地建立垃圾池,配专人管理,这个意见很快得到了采纳。

2001年12月,在范伯诚的推荐下,李高峰进入《北京青年报》小红帽发行公司担任报纸派送员,每个月收入能到两千多元,足以负担一家人的基本生活,经过此前自己两个月找不到工作的焦灼与无奈,他非常珍惜这份工作,连续3年被评为先进个人和优秀三星级员工。

可是,为了能够有更充裕的时间做公益事业,2005年初,李高峰忍痛辞去了这份来之不易的工作,而选择了做一名社区保洁员,虽然保洁员的月工资只有800元,他却在日复一日的公益服务中,收获了充实、信任与尊敬。

从2001年到2007年,6年间,他先后打扫卫生死角二百多处,清理无人管理厕所8座,铲除小广告几十万张,抓获各种违法犯罪份子28个,帮助农民工维权讨回工资二百八十多万元,帮助孤残人员三十余名,遇到有人受伤、居民家庭失火等情况时,他总是毫不犹豫地冲上去帮忙,被当地百姓亲切地称为"社区110"、"当代活雷锋"。

"一个人的力量毕竟是有限的,随着眼界的开阔,想做的公益活动也越来越多,渐渐地在心里就萌发了创建一个志愿者团体的想法。"李高峰说。2007年4月15日,在他的牵头、组织下,一个由河南在京务工的保洁员、保安员、建筑工人组成的四十余人的"河南在京务工人员环保志愿者服务队"在朝阳区成立了。

如今,"河南在京务工人员环保志愿者服务队"已扩大到八百七十余人,其中不乏大学生、白领、律师、公务员、工程师、IT精英、企业老板、现役及退伍军人,还有一百余位并非河南籍的热心志愿者,因为感动也加入了进来。

几年来,他们服务的区域已从朝阳区扩展到了东城、西城、海淀、丰台等地,服务内容也从打扫卫生、文明宣传、小广告清理拓展到了禁烟、禁痰、水环境保护、野生动物保护、限制塑料袋、体育赛事志愿者服务,以及义务理发、送水、维修家电、修理自行车等便民志愿服务。

2010年,李高峰带领的志愿者团队被评为"中国十大品牌团队",并被联合国志愿者服务办公室授予了"联合国环保志愿服务项目认定书"。

从一个找不到工作的农民,到一名大家喜爱的公益之星,李高峰用实际行动改写着自己的人生。李高峰说:"来京10年,有6年没回老家,不是不想家,一是因为忙,二是感觉没有脸面回去,本来是出来挣钱的,可为了公益事业,我家的日子总过得紧巴巴,还需要父母倒贴、帮忙照管孩子。说句心里话,单纯从物质上看,我不算一个成功的男人,没有给父母、妻子、儿女创造好的生活条件。但从精神上讲,在北京的10年间,人们对我和我的老乡,从起初的不信任、不理解,到现在交口称赞、争相聘请,让我感觉自己是一个富裕而成功的人。"

正如李高峰所说,他是"一个富裕而成功的人"。试想一下,在你积极主动地承担起自己的责任和义务的时候,或许耽误了你回家的时间,或许耽误了你挣钱的时间,或许让你辛苦了一些,但是,你得到了为大家创造了一个良好的环境,锻炼了自己的劳动能力,懂得了集体需要每个人的付出。劳动创造了美,不是吗?

"在你付出的时候,其实你得到了更多"。如果我们每个人捧出属于自己的那盆"花",心中就能盛开一片鲜艳的花海,沐浴在花海中,那是怎样的一种美?

# *6.*

# 提高服务质量,注重每一个细节

"服务"不是一个空泛的词,需要注入更多的内容,注重每一个细节。

我们很大一部分农民工朋友在外务工时从事着建筑、服务等行业,这些行业的工作性质本身对个人的服务质量要求很好。以餐厅服务员为例,客人到餐厅就餐不仅要享受美食,还要优质的服务,如果服务员的态度不好,上餐速度过慢,招呼半天没人理会,即使这个餐厅的美食如何可口,客人也不会想去第二次了。没了客人,服务员的收入自然就少了。可见,服务质量并不只是老板的事,还关系着我们的"钱袋子"。

提高服务质量需要从每个环节入手,我们不仅要提高自己的服务意识,充分理解和认识服务的内涵,还要在实际工作中提高业务技能,以高素质创造出优质服务的高水平。总之,服务质量体现在我们的意识和行动中的每一个细节之处。只要用心，我们就能做到优质服务。

　　1991 年，冯文秀从广东茂名老家来到佛山务工，在老乡的力荐下，进入了出租车行业。她拿出自己仅有的 1 万元和向亲戚朋友借来的 17 万买了她人生中的第一辆车，红色捷达，成了佛山第一名女出租车司机。

　　那个年代，女司机可是件新鲜事，而且 17 万的借款也不是一个小数目。冯文秀的压力很大。刚入行时，她对佛山的路不太熟，很多小路都不知道，之前她学的是开货车，而开出租车与开货车差别还挺大，要学会如何与顾客沟通，但这正是冯文秀缺少的，这些困难累加在一起让冯文秀很是忧心。她不怕辛苦，就怕自己做不好，所以后来她没事就开着车到处兜，一边听交通电台，一边记路，慢慢地路就越来越熟悉了。

　　为了保证行车安全，冯文秀坚持每天对车辆做好行车前、行车中、收车后的检查以及日常的保养保洁工作。为了更好地服务乘客，她还利用晚上的时间去上技师培训课程，正是因为她这种认真、对待事情一丝不苟的态度，她的第一辆车开了 8 年还崭新如初，成为了公司里同事们参观、学习的对象。

　　1998 年，冯文秀加入佛山市汽车运输集团有限公司出租车分公司，十多年来，她以优质的服务、热情的态度面对每一位乘客，始终坚持"爱心服务、快乐服务"的理念，为乘客提供舒适、安全的乘车环境。她先后获得"广东省出租车文明驾驶员"、"佛山市十佳美德之星"等称号，2012 年被评为广东省劳动模范。

　　起初，冯文秀并不知道要如何与顾客沟通，常常遭受顾客的刁难。有一次，两个男性顾客上了她的车，其中一位顾客一直催促她开快车，但是行至佛山汽车站附近时因为车流量大导致塞车，冯文秀当即决定改道而行，这位顾客极为不满，觉得她在兜路、绕路，于是对她大声吼叫，并威胁不给路费。冯文秀耐心地解释说，刚刚那条路堵车很严重，现在这条路比较顺畅，到达目的地比较快。但是,这位顾客不听解释,一路骂骂咧咧的,没有给钱就下车了,与他同行的另一名顾客觉得十分对不起冯文秀,代自己的朋友付了路费,并留下了冯文秀的电话,这个顾客走之前说,像她这样态度好的出租车司机真的很少。

经历了众多的"不开心",冯文秀也学会了"察言观色"。遇到不同的乘客,看他们的年龄、打扮,听他们的口音,可以和他们聊上几句,让他们坐车更加轻松和舒服,自己开车也没那么闷。

有一次,冯文秀载了一个奇怪的客人,大约20来岁,不怎么说话,就是说自己要到顺德的某个地方。冯文秀听出他的顺德口音,就试着和他聊天,但对方却没有丝毫反应,直到后来,这个年轻人才说自己因为赌博,刚刚从拘留所出来。冯文秀并没有感到害怕,就和乘客说当出租车司机怎么辛苦,尤其是女出租车司机,并鼓励和开导对方。就这样,两人慢慢聊着,后来对方告诉她,身上一分钱都没有,开始一上车看到是女人,就打算不给钱,但听完冯文秀说的,他准备借钱付车费。后来,这个年轻人果然从一个熟识的小卖部借了100元给了车费,还说不用找钱。

坐上冯文秀的车,客人为闻到一股淡淡的清香扑鼻,再看车把、坐垫都是锃亮锃亮的。原来,冯文秀每天都要花上最少3个小时清洗自己的车,难怪她的熟客们都说这是"五星级的车"。除了这五星级的座驾,还有她五星级的服务:每当有乘客上了车,冯文秀总是会及时询问乘客的目的地,并加以确认,然后向乘客提出一条相对快捷的路线,如果顾客表示异议,她会提供几条路线供顾客选择,并说明每条路线可能碰到的情况,例如哪里会塞车,哪里交通信号灯多。到达目的地后,她又会一而再、再而三地提醒顾客带好行李物品。十多年来,她的车几乎没有发生过乘客遗留行李物品的事,更没有顾客投诉。

正是由于这种注重每一个细节的高质量服务,冯文秀拥有了一批忠实的乘客。他们中有小区的老人孩子,有来自香港的商人,还有来自越南、毛里求斯等地的外国人。

我们处在一个竞争的社会,既然我们的工作是服务群众,就要比谁的服务好,谁更能适应工作的需要,服务质量越高,越能得到他人的认可,个人才会有更好的发展前途。而取胜之道往往在于细节之中。

因此,工作之中我们不仅要增强服务意识,转变服务观念,强化服务措施,还应从服务手段、服务内容、服务态度、服务环境等各个方面入手,注重工作中的每一个细节,才能提高优质文明服务的水平。

**第六章**

树立奉献社会理念：
甘心付出为社会做贡献

# 1.

## 任劳任怨,不在乎每天多干一点点

我们都来自农村,任劳任怨本是农民应有的品质,但是随着社会的发展,越来越多的进城务工者将先辈的这种优良品质抛之脑外,功利心改变了很多人的观念。一些人认为,自己的付出获得应该成正比,甚至要求以小的付出换取最大的回报,任何多余的付出都是一种浪费。

事实上,任何付出都不会被浪费掉,当你付出勤劳会收获汗水,当你付出爱心会收获真情,当你付出善意会收获微笑,我们所从事的工作并不完美,我们的社会也不完善,所有的一切都期待着无数人的无私付出与奉献。

我们进城务工,任劳任怨品质是我们无私付出的前提,只有充分发扬这种品质,我们才能在日常工作中比分内的工作多干一点点,比别人期待的更多一点,这样才能得到更多的锻炼,才能为自己的成长提供更多的机会。正如我们所说,任何付出都不会被浪费掉。我们没有义务做职责范围以外的事,但是积极主动是一种宝贵的备受领导重视的素养,它能使人变得更加敏捷、更加积极向上。

别人不愿干的活儿也许苦一点、累一点、脏一点,每天多做一点点工作也许会占用你一定的时间,但你的行为会为你赢得良好的声誉,赢得更多的信赖,更多锻炼的机会。尝试多干一些苦活儿、累活儿、脏活儿,每天多干一点点,你就不会整天为繁重的工作抱怨,或者为领导对你不重视而沮丧。

社会在发展，人们的思想也在变化，但是任劳任怨的品质不能改变，需要改变的是不要总以"这不是我的分内工作"为由来逃避责任。"每天多干一点点"是给你提供的学习机会，当额外的工作分配到你头上时，不妨将之视为一种机遇，一种锤炼，当你迈出了这一步，说明你已经走在别人前面了。由此可见，多干一点不仅仅是一种付出，我们还能从中得到回报。

　　刘长春，开滦集团历史上第一个农民工劳动模范。自从走进开滦集团，刘长春不管井下作业环境有多差，不管多苦多累，始终凭着任劳任怨这一中国农民特有的朴实劲头，每天比别人多干一点点，一步一个脚印，从采支工、运料工、维护工干到兵头将尾的维护组长、运料班长、点班区长、三班大工长……他在自己的工作岗位上无私奉献着，不断取得成绩，赢得荣誉。

　　2010年3月，开滦集团东欢坨矿业公司工会安排刘长春与集团公司其他劳动模范一起去华东地区观光旅游。可就在临行前的一天晚上，公司夜班检修人员突然把电话打到刘长春家里，由于一处矿井的某处皮带局部钢丝绳裸露、常年锈蚀，造成皮带出现一条300mm的横向裂口，而这条皮带只是一条宽800mm的钢丝皮带，裂口占了皮带近一半的宽度，更可怕的是一旦撕裂极易将整条皮带纵向撕成两条皮带，到那时后果不堪设想。

　　刘长春听完险情报后，顾不上已是凌晨一点多钟，二话没说就从家里急忙赶到了区值班室，听了简单的汇报后，立即以最快速度换好窑衣，用最短的时间赶到现场进行指挥，合理推进每道工序，直到第二天上午皮带恢复正常拉运。正是由于他的现场指挥有力，及时处理了这次未遂断带事故，确保了该矿井皮带系统正常拉运原煤和井下原煤生产。然而，他也因此错过了与开滦集团其他劳模一起去观光旅游的机会。

　　2011年6月份，身为大工长的刘长春为了保证欢坨矿业一个矿井工作的全面顺利生产，天天下井盯现场八九个小时和员工们在时间紧、任务重的情况下克服人员少等困难,带领员工仅用 5 天就组装好了一部三十多米长的电滚筒皮带,并以每秒 4 米的速度承载着矿井下两个掘进工作面和两个综采工作面的原煤拉运任务,从而保证了公司 2011 年下半年原煤生产任务顺利完成。

2012 年五一假期间,刘长春的丈母娘病危。但是,矿上任务重,作为一个劳模,作为一个大工长,刘长春没有回去看一眼年迈病危的丈母娘,而是为了井下原煤运输的需要,带领员工在井下继续奋战,有时工作长达 14 个小时。

态度决定行为,行为导致结果。正是这种任劳任怨,多干、实干、苦干的精神,让刘长春获得了诸多的荣誉,企业也对一个农民工实现自我超越的崇高追求加以认可。2005 年至 2008 年,刘长春连续 4 年被评为矿业公司级先进标兵,2007 年 6 月份又被评为矿业公司级十佳农民工,2009 年被评为矿业公司级先进班组长,2010 年、2011 年、2012 年连续被评为开滦集团公司级劳动模范,成为开滦集团公司农民工的一个典型代表。

任劳任怨,每天多做一点点。这是一项职业要求,更是一种道德行为的指南,意义深远。任劳任怨是一种爱岗的表现,多做总比少做好,多做总可以把事情做得更妥帖一点,多做还可以让事情完成得更快一点。完成每一项工作,做好每一件事情,抓住生命中的"每一天",我们完全可以成就一番轰轰烈烈的事业。

只要是自己的能力范围内的,多吃一点苦,多受一点累,多付一点时间,又何尝不可呢?对于一个真正做事者来说,没有这样一个积极的心态,又怎么能完成工作呢?你多做一点点,我多做一点点,大家多做一点点,还愁有完成不了的任务,做不好的事情吗?

2.

# 互帮互助，让真情在人间传递

在我们外出务工的日子里，很多人把"老乡情"看得很重，为什么呢？当我们孤身在外，远离家乡和亲人时，当我们遇到困难时，往往能从老乡那里得到更多的安慰和帮助，正是这份无私的帮助，让我们重新面对生活的困难，依然执著于自己的梦想。

其实，我们在外务工，不仅仅只有老乡情，在承担自己本职工作之外的事务，我们还应对企业或他人投入更多的感情，而不仅仅是冷冰冰的金钱关系。因为，在社会或一个企业当中，跟我们境遇相同的人不在少数，提倡互帮互助的风气，对他人和自己都有很大的帮助。

就一个企业而言，人的需要是多样的，多层次的，压力能提高员工工作的精神状态，但是压力太大则适得其反，因此，同事间的关心和同事间融洽的关系也是必不可少的，精神上的愉悦是有效工作的条件之一。互帮互助是融洽员工关系的最好体现。一个互助的、有人情味的工作环境有利于工作效率的提高。

与此同时，互帮互助还能提高一个企业的团队凝聚力。当一个企业中的凝聚力增强了，员工的忠诚度就相应得到提高，员工流动率也会大大降低。可见，互帮互助不光是一种对他人的无私奉献，还会收获一个双赢的结果。

1988 年 10 月，福建省福清县的农民陈华瑞只身来到深圳，成为一家塑胶制品厂的工人，由于表现突出，很快被提升为工厂主管。5 年后，不甘于"打工"的陈华瑞参与创办深圳畅鸿塑胶制品公司，并被股东们委任为总经理。

农民工出身的陈华瑞,骨子里有着很深的"农民情结",畅鸿公司创立之初的员工几乎全是外来农民工。陈华瑞十分了解农民工的苦楚,他想尽力为员工创造良好的工作和生活环境,维护他们的合法权益。

畅鸿公司成立的第二年,陈华瑞就促成公司成立了工会组织;2004年,陈华瑞又说服了公司的港方老板,成立了公司党支部,并当选为党支部书记。团委、妇委会、"党员之家"、"职工之家"、"女职工学校"等也在公司先后成立。今天的畅鸿公司,是深圳沙井街道唯一一家党、团、工、青、妇组织健全的港资企业。此外,公司还建有网络室、电教室、图书馆、座谈会、读书会、培训班等,陈华瑞想方设法,让畅鸿公司农民工的"8小时以外"丰富多彩。

陈华瑞还亲自带领技术攻关小组进行设备的改造,用研制出的插钩机、打夹机等三十多台全自动化设备取代手工设备,不仅改善了一线员工的生产环境,还每年为企业降低成本二百多万元。连续4年,畅鸿公司党支部被评为"先进基层党组织",成为深圳"两新"组织的"党建工作示范点"。

谈起陈华瑞,外来农民工都对他竖起大拇指,说他是员工的贴心人,总是把员工的利益和困难放在第一位,让员工在畅鸿公司时时都能感受到家的温暖。陈华瑞还给自己订下了"三必谈"、"四必访"制度,即:新员工必谈,受表彰或处分员工必谈,工作调动员工必谈,员工生病住院必访,天灾人祸必访,生活困难必访,思想波动必访。

有一次,一名员工不幸患上肝内胆管结石,医药花费共五万多元,让这个贫困家庭雪上加霜。这名员工家中还有两个年幼的孩子,而对昂贵的医药费,这名员工的精神几近崩溃。陈华瑞得知情况,带头捐出1500元,在他的倡议下,公司员工纷纷伸出援助之手,共募集捐款近1.7万元,帮助这位普通员工渡过了难关。

2004年，陈华瑞在企业内部筹建了"畅鸿工会基金会"，帮助外来农民工解决工作、生活中遇到的一时困难。员工的住宿、医疗等福利也得到明显改善。

从2002年开始，陈华瑞每年都要拿出2万多元资助贫困学生，他先后资助的5名贫困生从高中读完大学，其中两名已走上工作岗位。在他的带动下，每当地震、洪水等灾害发生，畅鸿公司的股东和员工就纷纷解囊。受陈华瑞的影响，他的一些朋友也参与了捐资助学。

多年来，陈华瑞为家乡修路、建桥，先后捐出五十多万元，并带头捐资筹建了老年康乐中心，多次出资请文艺表演队、戏剧团等，为家乡的村民送去文艺表演。

2010年4月27日，是陈华瑞48岁生日。当天，他荣获了"全国劳动模范"称号。谈到自己的荣誉时，陈瑞华说："我只是普通的农民工，能够获得如此荣誉，是国家、社会对农民工的关爱，荣誉将促使我继续努力，更多地回馈社会。"陈华瑞认为，大家都是农民的儿子，需要互相帮助，也希望更多的农民工朋友走上富裕的道路。

"予人玫瑰，手有余香。"在生活和工作中，大家都会不经意出现这种或那种困难，特别是当我们远离家乡、远离亲人时，一旦出现困难，很多时候都会显得手足无措，更需要他人的帮助。当别人帮助我们的同时，我们也应该多帮助别人，多给别人带来温暖。有时候一些事情看似简单，却拥有一份朴实的美，拥有一种温暖人心的真情，拥有一种纯洁的爱。

不论是老乡情，还是同事情，只要我们互帮互助，播撒爱心，真情就会永存人间！

# 3.

## 厚待他人,不怕吃亏

我们外出务工都有自己的追求,方方面面追求经济利益和社会功益的最大化:工作业绩最大化,工资收入最大化,升职潜力最大化,认可程度最大化等等。可是,如果我们仔细观察的话,可以发现,公司里面那个最斤斤计较的同事不是工资最高的,也不是威信最高的,那个最不愿意承担责任,凡是把坏事都推给别人的人,更不是升职潜力最大的。反而这些"不想吃亏"的人,给自己造成领导不满意、同事躲着、在单位升职无望的局面,这到底是"追求"了还是没有追求呢?

这些人也在"追求",只是他们"追求"得太多太广了,处处想"多吃多占",结果适得其反。事实上,在任何时候,没有长久的单输或者单赢的局面,只有双赢、多赢是长久之道。吃亏只是暂时的,厚待他人才是为人做事之道。

古语有云:"吃亏是福。"能够真正做到这一点,是一种非常崇高的境界,是一种处世的智慧,是一种大智若愚的表现。

2011年,频发的校车事故引起全社会的广泛关注,牵动着每一位家长的心,如何保证这类问题不再发生,成为全国人民讨论的热点。这是一个叫卢效平的人悄悄行动了。

2012年2月3日,陕西省彬县水口镇政府内人山人海,并不时地被阵阵掌声所淹没。政府院内,一辆价值14万元的橘黄色制式标准校车,吸引了所有人的目光。这就是卢效平为孩子们捐赠的校车。

卢效平,一个富起来的普通民营企业家,一个从农村走出去的普通农民。2003年，他毅然放弃了自己在外打拼十多年的成就，从甘肃玉门回到了养育自己多年的家乡，开始了人生的第二次创业。

没有读过多少书的卢效平牢牢记着一句话："勿以恶小而为之，勿以善小而不为。"他常说，与人方便自己方便，帮助别人就是帮助自己。无论是在公司还是在村中，他都是个有名的热心肠，被大家亲切地称为"及时雨"。

从有能力帮助别人的那一刻起，卢效平就奉行与人为善、厚待他人的人生信条，只要别人张口，哪怕自己再难再苦，他都会鼎力相助。他的乐善好施，让他迅速成了大家心目中最可爱、可敬的人。无论是谁，只要有了困难，都会在第一时间想到他，寻求他的帮助，他也总是不辜负大家的期望，有求必应，不管是熟人还是陌生人。

卢效平多年来，从不拖欠民工工资。十多年来，先后共有六百多人跟着他在外务工，他都坚持按月支付他们的工资，从不打断。遇到企业资金周转不灵的情况，他也总是想方设法，宁愿委屈自己和家人，也要让民工按时拿到血汗钱。每年春节前，他都不忘让公司会计按照民工的出勤情况和在工地时间的长短给予1000元到3000元不等的奖金，让他们和家人过上一个欢乐祥和的春节。遇到传统佳节，他都记着为民工改善生活，让他们在工地感受到家的温暖。有时，遇到打工者子女上学、家里盖房、家人看病等情况，他都会及时给予资助。

卢效平就是这样的人，不计回报地默默帮助着身边每一个需要帮助的人，越来越多的人愿意跟他合作，他的事业也如日中天。富起来的卢效平本可以开着豪华的轿车，带着家人，四处游山玩水，享受生活，但他却没有这么做。他常说，钱财乃身外之物，应当拿出来为更多的人服务，而不是存进银行或购买奢侈品。他是这样说的，也是这样做的。

从不讲究吃穿卢效平，依然保留着一个农村人特有的淳朴本色,生活极为简朴,一餐饭一碗面条就打发了。在吃穿上从不讲究的他,把心思全部用在了发展事业、建设家乡和帮助别人上。他的一位司机结婚时,他毫不迟疑地拿出 1 万元贺喜,并在他建设新居时又慷慨地拿出 5000 元祝贺;他的技术员在县城购置新房时差 2 万元资金,卢效平知道后,立即拿出 2 万元送去;他的一名老员工因自身发展急需资金两万余元,他知道后,二话没说,就拿出两万余元送去……

截至 2011 年年底,卢效平累计支付民工工资四千多万元,投入三十多万元解决困难民工的实际困难。对于乡亲们的困难,卢效平总是能帮就帮,少则两三千、多则三五万地给予他们资助。遇到谁家有喜事,他都会毫不吝惜自己的新车,亲自开着去接新娘子;对于有困难的家庭,他还会送上 2000 到 3000 元不等的贺礼,这对于处在婚嫁年龄的农村贫困青年来说,无疑是雪中送炭,解了他们的燃眉之急;当看到村上红白喜事接送客人缺少交通工具时,卢效平当即决定为村上购置一辆面包车,专门用来接送客人。

2008 年初的一场罕见大雪,让卢效平的老家彬县的大部分乡村道路被冰雪覆盖,给春节期间群众的出行带来不便。为了方便群众上街赶集购买年货,卢效平无偿出动自己的 2 台装载机、2 辆翻斗车,用了几天的时间,耗资四万多元,彻底清除了公路上的积雪,得到了群众的好评和赞誉。

汶川大地震发生后,卢效平在自己所承包工程资金周转十分困难的情况下,依然毫不犹豫地拿出 13400 元捐给了四川灾区。同时,他又拿出两万多元为自己家乡的一所因地震而受损的中学改善条件。

喜欢做好事的卢效平不光做这些常人能够理解的小事、好事,有时候,他还做一些让人难以“理解”的大事情。他主动参与家乡的一些改善民生的工程,为家乡捐、投资 1400 万元建设新村。

在卢效平的意识里，帮助他人与奉献社会没有终点。在他的带动下，他的亲戚、朋友以及企业员工，也主动加入志愿者协会，随时为需要帮助的人提供服务。

卢效平，一个普普通通的农村人，能够时刻情系家乡，不忘父老，扶弱济困，奉献爱心，处处厚待他人。他所做的每一件事情，都让身边的人为之感动。对卢效平而言，他不在乎吃一些"亏"，甚至高兴"吃亏"，一件又一件看似平凡的小事，已经不能用"亏"与"赚"来衡量，这就是他的人生常态，是一种发自内心的奉献。

人都有利己之心，面对诱惑、选择都会不自觉地趋利避害。大多时候我们会认为，确保自己的利益，争取更多的回报是一个人能力的体现，是成功的标志。然而，真正为人处世的大智慧却是学会吃亏。可以说，做人的可贵之处就像卢效平一样，在于乐于亏己。

我们很多农民工朋友虽然没有卢效平那般高的境界，也不可能像他那样付出之多，但是我们必须明白一个浅显的道理：那些舍得为别人付出时间、付出心血、付出劳动、付出爱心的人，无论物质上是否富有，他们是精神上最富有的人，最开心的人，他们从给予当中获取成就感；由于爱心、宽容和信任，他们将比别人获得更多的成功机遇。这或许就是古人所说"吃亏是福"的关键所在吧！

*4.*

# 不图名利，甘心奉献

"天下熙熙，皆为利来；天下攘攘，皆为利往。"司马迁的这句千古名言道尽了千百年来人们的价值观。获取名利是一个人应有的权利，是天经地义的事情。立志成名和富有，是一件值得骄傲的事，也是我们每一位外出务工者所期待的。

现实是残酷的，目前在我国，似乎只有歌星、影星或其他一些领域的名人，可以说名大利也大，普通的务工者根本不能与之相比。这并不是说我们应该放弃自己对名利的追求，而是要端正自己的名利观，理智地看待名与利。事实上，那些名利双收的人并非完全都代表着一种健康良好的社会风气，他们做的很多事也不值得所有人称赞。反而一些做了好事不留名的人，更值得我们普通大众去学习、去追捧。

2012年3月12日上午，在第31届义务植树节武汉张公堤竹叶海公园的植树现场，6位农民工的身影特别醒目。他们是来自武汉汉正街的搬运工，平日他们住在每月100元的廉价房，每扛一次300斤的包裹赚10元，但是这天他们为了给张公堤绿化尽一份力，自带工具拿出350元种下了7棵树。

几天前，听说义务植树节，来自红安的钟思利，安陆的叔侄张道文、柳江干，洪湖的李良俊，汉川的方进高和随州的胡修岭，带着铁锹匆匆赶到张公堤。领头的钟思利找到绿化委工作人员，表示大伙也是来参加义务植树的，了解义务植树需要自费购苗、自己栽植、自己管护，他们从裤腰处拿出了皱巴巴的350元，一口气种了7棵树。

植树当天，钟思利等人十分高兴，早上6点多就起床了，因不舍得2元钱的公交车费，他们走了2个小时才赶上了植树大部队。

在现场，钟思利一行按照公园规划认领了7棵池杉，他们并不知情公园可以提供种树工具，大老远背来了铁锹、犁，不一会儿7棵小池杉就笔直地立在了土地上，6人小心地挂上了"义务植树认养牌"，乐呵呵地称："以后要常来看看，10年也能成片小林了。"

　　种下一棵树，对于汉正街的搬运工来说并不是一件容易的事，最普通的池杉需要花费 50 元的认养费。这 50 元放在平日够钟思利一家三人半个月的房租，够俭省到中午常吃烧饼的方进高买 100 个烧饼，还能抵上李良俊等人扛 5 次 300 斤每次的包裹。但是，他们都觉得 50 元钱花得有很大的意义，为城市种下一棵树，是农民工对城市力所能及的回报。

　　钟思利等人为张公堤种一棵树的想法并非偶然。2011 年，汉正街搬迁在即，在这片土地上扎根十多个年头的"扁担哥"们，曾自掏腰包，给汉正街的路边树木刷上防冻液。当时，钟思利等 7 名"扁担哥"曾凑份子买了 70 元防冻液，分头在汉正街的多条路上，给近百棵树刷上了防冻液。

　　来自安陆的张道文来武汉已经二十多年了，所有青春都在这个城市度过的，也是因为有"扁担"的工作供养儿子读了大学。张道文说："儿子在湖北医药学院读大四，刚刚过了武汉大学研究生的初试线，我告诉他今天要来植树，他非常高兴和支持。他说种树是国家的大事，我们能参加很有意义。"

　　钟思利说，平时一有空时，汉正街的农民工自愿服务队就为汉正街忙个不停，洗"牛皮癣"广告、街道绿化，都有过他们的身影。钟思利说："政府对农民工的关注和接纳，也影响和改变着越来越多的农民工对社会的态度。今天我们在张公堤边种下树，就是种下了希望，我们在武汉这座城市生了根，希望能有更多方式回报城市对我们的接纳。"

　　我们中间的很多外出务工者如钟思利、张道文等人，并不是与务工的城市一隅擦肩而过，事实上，一些人可能在一个城市里一待就是好几年、十几年甚至几十年，城市对于这些人而言，就是自己的家。城市给我们的归属感让我们自发地希望为这座家园做些什么。这是一种发自内心的、不图名利的甘心奉献。

　　每天，我们所在的城市都在等待更多的新奇与活力，也在迎接当初像我们一样怀抱梦想来到这里的陌生人。难道我们心中就没有一丝的温暖吗？若干年后，也许我们大多数人还是要回到自己当初出生的地方，回到最终属于自己的地方，可是当前我们生活在这个城市之中，周围有我们的同事，有我们新认识的朋友，这里就是我们的家，我们有理由为城市变得更加美好而行动，慢慢融入这个城市成为新家园的主人。

千万不要只把自己当做一个城市的过客，哪怕是为这个城市添一片新绿，那也是一种希望。这一切与名利无关，这是对他人的奉献，是对生活的感恩。

# 5.

# 富不忘本，做共同致富的带头人

"在巨富中死去是一种耻辱"，美国钢铁大王卡耐基的一句名言让越来越多的人寻味。而中国的"饮水思源"这一古训，更体现在许多人的言行中。对于一些先富起来的农民工朋友来说，这两句内涵丰富的语句，从不同的侧面，表达了同一个意思：回报他人和社会。

每个人的能力不同，境遇不同，在外奋斗的结果也不同，富起来的人曾经为此付出过很多的努力，这是他们应得的。还有一些人，依然处于基层，还在寻找着自己的梦想。不管是富起来的人还是正在拼搏的人，他们都无法否认自己的农民工身份，正是"农民情结"让大家的心贴得很近。难道富起来的人就不应该帮一起曾经一起打拼过的兄弟们吗？这不是一种义务，甚至算不上是一种责任，但是这是一种美德，是人类灵魂中最美好的本质——善良。

财富生不带来，死不带去，用自己的财富造福更多的人，创造更大的社会效益和经济效益，这样的财富才是有生命力的。生活在乡亲尊敬中的致富带头人，比孤独地占有银行存折上僵硬的数字的守财奴要更荣光、更快乐。

　　杨金益，1967年生，云南广南县杨柳乡阿用村人，苗族，1993年来到阳江红十月农场参加工作，现任红十月农场十七队队长。2004年，他被云南省广南县授予"外出务工先进带头人"，2006年被阳江农垦局评为"十佳外来工"，2007年被评为垦区"橡胶大户承包优秀经营者"，2008年起，连续多年被农场党委评为"优秀共产党员"，2012年4月获评广东省劳动模范。

　　上世纪90年代初，地处深山僻壤的云南广南县杨柳乡住着很多世代靠山吃山的苗族同胞，杨金益是其中之一。1992年，在家辍学干农活的杨金益听说广东这边的农场很缺工人。几番商议后，不甘家乡窘迫生活的杨金益，带着家人及乡亲15户一百一十多人，来到了阳江农垦红十月农场。初来乍到的苗族同胞，对农场生活一无所知，对橡胶树的生产管理更是闻所未闻。经过一个多月的磨橡胶刀、割胶培训，杨金益第一个学会了割胶技术，之后义务当起翻译和辅导员，手把手地教乡亲们磨刀、割胶。

　　割胶很辛苦，每天凌晨两点多就要起床，但那时杨金益和妻子两个人，每月能挣500元左右的工资，这相当于他们当时在家乡一年的收入了。虽然辛苦一点，但农场有房住、有地种，还有工资拿，让他们感觉很幸福。

　　近年来，因农场在快速发展中用工短缺，杨金益数次自费往返于广东与云南之间，招来了大量的劳动力。经过他的牵线搭桥，如今来阳江务工的云南苗族同胞达四千多人，其中在阳江农垦战线就有八百多人，有效缓解了农场劳动力不足的状况。

　　2007年底到2008年初，农场用工严重短缺，新种植的2000亩小苗无劳动力管理，杨金益自告奋勇承包了7万株管理任务，为了不使新种的小苗因劳动力短缺而造成丢荒失管,杨金益通过组织当地老乡集团式的管理,确保了小苗的健康成长。

2010年,农场欠缺劳动力,一时难以找到割胶工,杨金益听到消息后,立刻带领老婆、女儿、女婿,全家齐上阵,赶到紧缺的割胶岗位,避免了丢岗、丢割现象发生。

杨金益不仅带领苗族同胞奔小康致富,还是他们的贴心人和主心骨。通过他的言传身教,他带来的老乡有11人入党,10人被提拔为农场生产队队长,成为农场各项工作的骨干力量。

杨金益是一个有大爱的人,只要老乡有困难,他都伸出援手给予帮助。近十年来,得到杨金益帮助的人达一百三十多人,为了帮助老乡解决困难,他慷慨借出的钱达十多万元,捐赠款项达四万多元。

杨金益深知,作为一名党员,各方面都要起到带头作用,作为一名生产管理者,应懂得生产技术,而作为一名异地务工人员,应不断完善自己,充实自己,才能适应新时代发展要求。为了更好地胜任本职工作,杨金益参加了广东农工商技术学院的大专班学习,还积极参加其他各种培训,很快他的文化水平和工作能力都得到了较大的提高。2010年,他晋升为农场生产科副科长兼马岭作业区主任。

在杨金益的带领下,有5名异地务工者参加了大专班学习,他积极带领异地务工者参加各种培训学习,提升工作水平和能力。2011年,农场联合阳江市劳动就业培训中心开办电脑培训班,参加培训的异地务工者多达85人。几年来,考入高等院校就读的异地务工者子女已经有5人。

为了增加职工收入,杨金益在带领职工搞好橡胶主业生产的同时,还在发展自营经济方面颇动脑筋。他负责的十七队,在他的带动下,职工利用胶园周边的荒地,种植水稻、花生、玉米等。他还带领职工积极发展养殖业,目前十七队水牛存栏106头,最多一户达到了16头,十七队已成为了名副其实拥有100

头牛的生产队,猪年出栏54头,鸡鸭年出栏750只,鱼塘5亩,水稻85亩,职工年均收入超过了2.5万元。如今,十七队职工100％都住上了新房,杨金益也在农场场部购买了公寓房。农场职工走到哪里都说,现在过上好日子,全都是因为有了杨金益这样好的带头人。

饮水要思源,富而不忘本,富足而有德,这是做人的基本美德。人由贫到富是一件好事,但若富而忘本则会比清贫之时拥有得更少,失去得更多,甚至到最后会丧失最初最美好的本质。物质财富难得,心灵的财富却来得更可贵。别让物质上的富有让自己成为心灵和品格上的穷人,这是杨金益用切实行动所告诉我们的真谛。

千万不要忘记了自己曾经走过的道路,不要忽视了在自己曾经走过的道路上,还有着千千万万农民工兄弟,那就是自己的"背影",如果你有能力,请伸出援助之手,帮他们一把,或者做他们的致富带头人。因为,我们都是农民的儿子,我们不能忘本。

# 第七章

## 锻造良好心态：

## 乐观上进传递职场正能量

# 1.

## 抛弃打工者的心态，培养主人翁精神

工作是人生价值的体现，是人生的存在形式，不管你在哪里工作、为谁而工作，你首先是"工作"，把自己应该做的事情做好，然后才是为谁而工作的问题。所以，我们要有一个正确的心态：为自己而不是为老板工作。

为什么强调工作是为自己而做的呢？因为，很多人仅仅只是将工作视为谋生的工具，将自己视为企业的过客，把企业当成别人的事业，企业给我多少钱，我就干多少活儿，甚至在工作中投机取巧，得过且过，做一天和尚撞一天钟。这是一种很消极的工作心态。

我们是名副其实的打工者，这个不假。但是，打工者也有成功者与失败者之分，仔细看看那些成功者的工作经验，哪一个不是从进入企业的第一天起，就把自己当成了主人。正是这种"先入为主"的主人翁精神，让他们凡事都想在前面，凡事都做在前面，在完成了一次又一次的超前工作后，他们也成就了辉煌。

他是一名中专毕业生，毕业7年一直找不到工作，只好回家务农；他是一名打工者，一朝入厂，即以企业为家，用心努力工作。2009年5月1日，这位叫朱大懿的农民工来到北京，拿下了沉甸甸的全国五一劳动奖章。他是怎样做到的呢？

2002年，地处广东徐闻县的湛江新昶对虾加工公司建成投产，并开始向社会招聘工人。中专毕业的朱大懿顺利应聘进入公司。

朱大懿进厂后被安排在料场当一名卸虾工。这是一项平淡的工作，但细心的公司经理发现，从料场进厂的对虾卸下来后，其他员工都回去了，唯有朱大懿一个人把料场打扫得干干净净。这本不是他管的事他却管了，看来他是把自己当成主人啦！

一个月过后，朱大懿被调到冷库当仓管员。冷库，是很多员工不愿意工作的地方，因为每天要在零下18度的环境下工作，正常人都吃不消。通常员工都在这里干一年半载就闹着调岗位。然而，朱大懿在这个岗位上一干就是近7年。

2005年，新昶公司的另一家分公司海浪公司建成试产，朱大懿被调到海浪公司当仓管员。

新公司虽然规模小一点，但由于刚刚上马，加上又逢对虾加工的旺季，朱大懿在厂里几乎忙个不停。尽管厂里规定每天8点上班，但朱大懿常常是早上7点钟来到厂里，一直忙到第二天凌晨四五点钟。有时忙起来，他干脆吃住在厂里。

这其间，朱大懿管理的冷库井井有条，从来没有出过差错。

2006年7月，朱大懿被提拔担任冻结车间副主任。担任这一职务后，他更像一台多功能的机器，不仅负责生产车间的冻结日常管理工作，还负责物资仓库、化学用品仓库和产品仓库的日常出入管理。

厂里生产的对虾产品每年都有十多类，每类规格2至3种，加起来有三十多个品种。生产旺季，成品的日库存数量很大，各类产品规格多，而各种产品的客户对产品在包装、称重等方面的要求又有所不同，产品在仓库里面占用很大的堆放空间，整个冷库就像一个杂货仓。当朱大懿接管冷库后，他下定决心："我管仓库，就要做到随时想找什么就能找到什么。"

为了多利用成品仓库的有限空间，提高仓库的实用率，朱大懿根据各类成品、半成品、原料虾的具体操作情况，分别放置在经常使用物品区和不经常使用物品区。同时,他还对各种成品、半成品和原料虾采取立体式的堆放方法,并做上标志,按照"先进先出"的货仓管理方法,进行分类堆放。

企业的产品是靠一线员工生产出来的,员工的素质和能力直接决定了产品的质量。由于水产品加工业的生产加工具有季节性的特点,人员流动性也很大,员工素质普遍较低,这给产品生产过程中质量监控带来很大的困难。为了有效地抓好在生产过程中产品的质量卫生,朱大懿经常注意观察员工的操作行为,及时了解员工的意识动向,并采取相应的处理措施。他发现员工操作不当后,及时对他们进行岗位技能现场培训,使他们改正不规范的操作行为,确保产品的质量安全。

朱大懿说:"管车间,其实是通过管人来管理食品的质量。"冻结车间是对虾加工的最后一道工序,这个车间是食品卫生控制的关键车间。为了确保食品质量卫生,哪怕是工人一个细微的不卫生行为,朱大懿也不放过,有时工人用手抓痒,朱大懿一定要求工人重新洗手再来生产。

有一段时间,冻结车间实行计时工资。朱大懿发现,这个车间人力过剩,工人"吃不饱",一方面生产产品的数量上不去,另一方面工人的工资也提不起来。为了防止冻结工序的操作人员配置过剩,给公司造成不必要的人力资源浪费,他根据各位员工的工作能力和特长,重新进行合理调配:平板机冻结产品的操作人数由原来的 24 人缩减为 21 人,摆盘岗位由 10 人调少到 6 人,脱盘岗位由 5 人减少到 3 人,并且将原来的计时工资改为计件工资。

经朱大懿这么一改,效果很快就出来了:工人工作积极性提高了,工资也提高了,生产效率提高了,产品的成本下来了。

据了解,朱大懿的精打细算,每年为企业至少节约 30 万元。在他的管理下,公司生产的冻熟带头虾和冻虾仁被评为"广东省名牌产品"。

打工的目的是什么？为了开创一份属于自己的事业。既然是开创事业，从这个角度来说，打工也是创业。因此，我们需要具备创业者的心态。从这一点出发，我们就很容易摆正打工的心态了。企业只是给我们提供一个发展的平台，利用好这个平台，有所发展，必须破除打工心态，把企业的事当成自己的事业来做，培养自己的主人翁精神。

我们要具有战略眼光，关注企业的长远发展，将企业与自己的前途紧密联系起来。在具体工作中，要敢于承担责任，反对懒惰拖拉，努力提升工作效率，做到精打细算，多快好省；当面对失败时，抛弃借口，吸取教训，总结经验；拒绝个人英雄主义，群策群力，学会与他人分享共赢。

说得更直白些，就像我们在农村卖菜一样，如果你今天的菜没有卖完，明天就有可能坏掉，你就会想方设法把菜卖出去，万一菜坏了，扔了，你会为此感到十分的惋惜，从中思考自己的菜为什么会卖不出去，是不新鲜，还是收拾得不够干净，还是自己的价钱不合理。当我们来到城市务工，我们的身份并没有发生什么改变，手中的活儿只是从"卖菜"变成了为饭店洗碗、为工地做工、为他人服务，等等，不管干什么，那都是自己的事业，都要用心做好本职工作。哪怕，你只是一个在超市蔬菜区打包计价的员工，又或者是下单收拾碗筷的服务员，这些都无关紧要，重要的是，如果你对来超市买菜询问具体蔬菜位置的客人随便糊弄，对下单写菜的名称材料不了解而表现不耐烦，诸如此类工作的失误，会造成自己将来事业发展不顺利，就是这么简单轻巧的事情都不能熟练掌握。

由此可见，没有把心用在工作中去，没有主人翁的心态，做什么工作都只能半途而废，就算日后你有幸找到自己喜欢的工作，也未必能坚持不懈，这将是横在你与成功面前的一条鸿沟。

2.
## 抛开生活的烦忧,用感恩之心投入工作

当我们为生活所迫从农村出来务工,或者是从北方城市来水土不服的南方城市掘金,又或者是不得已降低身份从事与从前有别的工作,我们有很多的无奈、不满,甚至自卑,这些来自生理和心理、物质和精神上的烦恼无时无刻不在困扰着我们。

人生不如意事十之八九,难道那些富翁、名人、高官就没有烦恼吗?他们同样充满着烦恼与痛苦,他们或者为企业发展前途所担忧,或者处处小心谨慎唯恐自己的形象受损;又或者对很多看不惯的事情痛心疾首却又不得不为之。人人有烦忧,这就是生活赋予我们喜与乐的意义所在。

但是,我们不能淹没与烦忧之中,人生还有另一种美妙的东西可化解一切烦忧:感恩。

人的一生中都处于各种恩泽之中。小的时候,父母对我们有养育之恩;上学后,老师对我们有教育之恩;外出务工时,领导对我们有知遇之恩、老乡对我们有帮助之恩。正是来自各方的恩情,帮助我们战胜了苦难,驶向了光明幸福的彼岸。

然而,在职场上,这种美好的感情并没有得以完全体现。当企业为一些人提供平台时,老板给予一些人工作机会时,他们仅仅将此视为纯粹的利益关系,认为工作是自己的事,想付出多少就付出多少,稍不如意就大骂企业和老板,碰到挫折就跳槽走人,毫无情义。

可能会有人说:"我劳动,我付出了,企业给我工资是应该的,我不认为企业对我有恩。"此话不假,我们的劳动应该得到报酬。可是我们想过没有,当我们来到一个陌生的城市,并没有像当地人那样有太多的保障,我们要吃饭、要住房、要坐车,每天都要花钱,如果没有一份稳定的工作,我们很难在一个城市长久地生存下去。如果这时有一个企业向我们伸出援助之手，给我们一个工作的机会，让我们的一切都有了保障，难道这不是一种恩情吗？社会就是这么现实，当你失去工作的同时，你就失去了固定的生活来源。

事实上，有些恩泽是我们无法回报的，有些恩情更不是等量回报就能一笔还清的，没有哪个老板和企业会强迫哪位员工去感恩、报恩。感恩是一个人与生俱来的本性，是一个人不可磨灭的良知，也是一个合格外出务工者的工作态度。对工作的感恩，就是要从心开始，认认真真工作，兢兢业业做事，要对得起给你恩惠的人和企业。

感恩工作实际是对自己前途的帮助。企业是员工的靠山，是员工的生存之本，现在自己所做的每一件事情都是为自己的将来搭桥铺路，为企业工作的同时，企业也为员工提供了较为优厚的待遇和物质生活的保障，更为员工提供自我发展的空间和实现自我价值的平台。在这个平台上，员工在增长着阅历，丰富着自我，实现着人生的梦想。因此，为企业工作，也是为自己工作，员工应该感谢企业，感谢企业的培养，感谢企业给予的广阔天地。

　　1989 年，17 岁的兰昌翠离开辛苦抚育自己的爸妈，强忍着泪水走出远在重庆大山里的家门。在家里 9 个兄弟姊妹中，兰昌翠排行第七，上有 6 个哥哥，下有 1 个妹妹和 1 个弟弟。虽不是老大，但身为长女，懂事的她几乎包揽家里大小家务事。

　　随着几个哥哥外出打工，兰昌翠也动了打工的念头。当她向爸妈提出离开大山到外面"闯一闯"的想法时，爸妈一千个不舍得，一万个不同意，但最终还是退让了，毕竟外出打工比在山沟里强得多。跨出家门的那一刻，爸妈老泪纵横，叮嘱千万注意身体，女儿含泪许诺，一定打好这份工。

　　在哥哥的陪护下，兰昌翠南下广东佛山。并无一技之长的她，只能找些没多少人愿意干的脏活儿、累活儿、重活儿。几经周折，她在南海一家私人承包的农场找到一份种菜的活儿。老板是香港人，见她未见过世面，人又老实，只给她月薪110元。日晒雨淋，辛辛苦苦干足一个月才拿110元？要是换了别人，恐怕转身就走。但兰昌翠没有嫌钱少，干一天活儿下来，她累得腰酸背痛，躺在床上整个身体像散了架，她却一直感恩老板给了她挣钱养活自己的机会。一个月能拿到实实在在的110元，对于她这个没多少文化的"山妹子"来说，已经是一笔不错的收入了。一天天咬牙坚持，兰昌翠就兢兢业业地把这份工干了3年。

其实，兰昌翠最大的心愿是当工人。在她走出大山4年之后的1993年，这个心愿终于实现。当时，她有两个哥哥在东莞厚街镇打工。一个人孤独地种了3年菜，兰昌翠对亲人的思念之情与日俱增，希望能离哥哥近一些，彼此有个照应。于是，她追寻着哥哥的足迹，在厚街的一家电子厂找到了一份在流水线上装配电子元件的工作。

当时珠三角招商引资如火如荼，一方面很多企业的快速开工，另一方面法规不完善，监管不到位，强势资本侵犯工人权益有恃无恐，无休止的加班加点、蛮横无理的工资克扣，让兰昌翠陷入痛苦的深渊。她不明白一心只求"打好这份工"为什么就这么难？她更加不明白为什么老板就不能对工人友善、爱护和体贴一些？

在1993年到2003年的10年间，她几乎干一年就被逼重新找一份工作，在东莞、深圳、广州三地颠沛流离，没少尝无良老板压榨、剥削工人的苦头，兰昌翠也对做工人的艰辛有了切身体会。但是，她总是相信一切会慢慢好起来。

2003年初，兰昌翠应聘进入一家制衣厂，在车间织机上做一名普通工人。这个厂的管理人员待人友善，工人也是和睦相处的，兰昌翠十分满足。后来，企业又为员工开设了"企业医保"，一年只交几块钱作为基金，便可免费看病，还有工会、团组织的关心和各类活动。这一切，让兰昌翠觉得"值得在这里干一辈子"。怀抱一颗感恩的心，她不断激励自己，无论干什么工作，都要用心做到最好。这一干又是许多年。

在这家制衣厂的最初 7 年间，兰昌翠只在工厂淡季回过两次家，在厂里过了 7 个春节，年年被评为"三八红旗手"和优秀员工。

从 1989 年含泪离开家门，到 2008 年，20 年转瞬即过，就在这第 20 年的尾上，兰昌翠站在了北京人民大会堂全国优秀农民工表彰大会的领奖台上，戴上了金光闪闪的奖章。去北京领奖，这是她从前想都没想过的事儿。

当我们离开属于自己的那片土地后，所接触的每一个新事物，参与的每一项新工作，学到的每一样新东西，对个人而言都是一种成长与进步。如果不是企业为我们铺设一个平台，为我们的职业生涯的锻造提供一个良好的途径，作为庞大社会中的一个微不足道的个体，我们又怎能有机会尽情在舞台上施展自己的才华呢？又怎么能感到人生的意义呢？

心怀感恩不是以口头的方式一味地去歌颂，而是要为企业的发展壮大用心思考，用实际行动去为它添砖加瓦，做到用良心对待薪水。不要以为你所在的岗位平凡、普通，就不去努力，任何岗位上的员工都是企业的一分子，都是企业必不可少的一块"砖"。所以，我们现在所从事的工作，都值得我们去珍惜，同时要求我们以一种感恩的心态去认真履职尽责。

对每个人来说，工作就是生命的馈赠，也是一种天职，是使命，如果能够怀着一颗感恩之心去工作，去帮助别人，为别人创造价值，那么我们不仅能够感受到工作带给我们的价值和成就，还能够体会到工作带给我们内在的幸福与和谐。

3.

# 正视挫折，迈开不屈的步伐

　　你有过失败吗？答案是肯定的，每个人都有。起起落落，人之常情。人的一生都要在成功和失败之间奔跑，没有人敢说：自己从未失败，或是今后永远不会失败。外出务工本来让我们的心理承受着很大的折磨，再加上各种不利的客观因素，失败的挫折总是如影相随。面对失败的挫折，有的人沉沦，因为他们回避失败；有的人奋进，因为他们正视失败。

　　失败是成功之母，失败并不意味着你是失败者，只表明你尚未成功；失败并不意味着你比别人差，只表明你还有缺点；失败并不意味着你要一直受压抑，只表明你愿意尝试；失败并不意味着你不能成功，它表明你该变换一下方向；失败并不意味着你一事无成，它表明你积累了经验；失败并不意味着你必须放弃，它表明你还要继续努力；失败并不意味着命运对你不公，它表明命运还有更好的给予。

　　只要我们面对现实，从失败中吸取前进的营养和动力，就能改变未来的局面。一个人的勇气有多大，舞台就有多大。当你失败时，不气馁、不沉沦，能够迈开不屈的步伐，你将会比别人提高和进步得更快，下一次等待你的可能是人生的甘美。

　　1992年夏，宁夏西吉县炙热难耐，18岁的火会燎却因高考失利，心情冷到冰点。路在何方？经过一段时间的调整，火会燎决定正视失败的挫折，他在日记中写道："应该像勇敢的海燕一样，到风浪中去搏击，到社会大学去汲取知识。"

　　不久，年轻的火会燎收拾起行囊，告别父老乡亲，到兰州找工作。可是，人生的挫折一个接一个，到兰州后，由于人生地不熟，一个星期之后，火会燎身上的钱很快就用完了，莫名的恐慌再次袭来。好在，他终于在一处建筑工地谋到装卸工的活儿。

当时，在炎热的大夏天，火会燎一天要装卸近20吨水泥，还要给工地泥工当帮手。晚上，回到工棚后，他都累得不想动弹。

然而，劳累没有击垮火会燎。一有时间，他就泡在书店，用微薄的工资买回喜爱的书籍。他还学写散文，处女作《梦醒在旅途》被《共产党员》杂志刊发。

1996年9月，作为扶持贫困地区的措施，中建三局在西吉县定向招收42名合同农民工，全县五百多名青年报考。笔试，面试，再面试，火会燎考了第三名，成为中建三局的一名合同工。不久，他南下武汉，被分配到总承包公司物资部，做工程项目材料员。

入职数月后，公司安排火会燎学习材料管理。他几个月查阅近百本建筑类书籍，留下十多万字笔记，笔试成绩屡获第一。

一次，在验收供应商两车钢筋时，火会燎发现钢筋异常，尺寸不一，颜色混杂。从供应商提供的检验单看不出问题，他爬上货车准备逐一测量。供应商心怯，将火会燎拉到一旁，悄悄塞了个"大纸包"。火会燎哪遇到过这种情况，他一口拒绝，越发断定这批货有问题。他仔细检查后发现，这批钢筋果真有掺假问题，当即作出退货处理，并将该供应商打入黑名单。

火会燎有一个绝活，能目测数量。有同事不信，想考验一下，让他目测两车水泥数量。火会燎观测堆放方位及高度，断言一车14吨，另一车16吨。经清点，果然没有误差。

2000年12月，火会燎成为一名光荣的共产党员。2002年7月，火会燎接到通知，担任总承包公司安装部材料设备科科长。让一个没有学历的农民合同工担负如此重任，连他自己也感到吃惊。

火会燎专心工作回报企业，在管理创新上走出三步棋：建立安装材料设备信息库、建立一批专业的优秀供方资源、完善科室管理制度,科室生产效益明显提升。为完善知识结构,火会燎报考武汉科技大学工程专业,在职学习取得大专学历。

2010年起,火会燎晋升料具站负责人,成为钢管、扣件、快拆件、碗扣等作业用材的大管家,掌管近2亿元资产。

火会燎通过管理创新、技术革新提升料具站效益。比如,组织扣件保养竞赛,使单位时间保养扣件量由160个提升到180个,仅此一项,每年节省人工费用72万元。他还成立发明小组,开展技术攻关,创造的钢管装车新工艺,运转效率提高3倍多。2012年,在火会燎的带领下,料具站主营业务收入、净利润均较上年大幅增长。

因为对生活和工作的执著与热爱,一切挫折在火会燎面前都显得微不足道,就这样,他一步一个脚印,从高考落榜,到进城务工,成长为央企的中层管理者,他用奋斗、出彩的人生,诠释了一位农民工的"中国梦"。

"物竞天择,适者生存",达尔文的名言不仅揭示了个体生存的必然规律,也表明了商业社会的伦理法则。火会燎的成功正好说明了这一点。如果他在高考失败后,不能及时转变心态,那么他也不可能取得成功。这一切都源自于他有一颗不甘失败的心。

作为一名新时代的员工,相信每个人都会在心目中勾勒未来事业的美景,关键在于你是否能真正付诸实践,你是否每天都在进步,如果你总是被以前的失败所束缚,又怎么能达到自己的目标?

朋友,当你在生活的道路上遇到挫折时,请你用信念撑起生活的风帆,逆流而上,永不停航。面对失败,逃避者只能被淘汰,恐惧者只能更懦弱;只有正视者,才能获得最后的成功!

*4.*

# 避开懒散和懈怠,点燃工作激情

很多人之所以失败,是因为懒惰,我们不过是被惰性所钳制了前进的步伐。懒惰是人人都会有的一种习惯,它潜伏在某个角落,一不小心就会出来捣乱。而懒惰必然会造成工作的拖延,拖延在工作上已成了懒惰的代名词,并且拖延会像慢性药一样腐蚀人的意志和心灵,消耗人的能量,阻碍人的潜能的发挥。处于拖延状态的人,常常陷于一种恶性循环之中,这种恶性循环就是:拖延——低效能+情绪困厄——拖延。

工作中产生懒惰的原因主要源自于一些人不热爱本职工作,因为他们对工作没有兴趣,在工作中懈怠而非专心致志。无数的职场案例表明,懈怠产生无聊,无聊则导致懒散。但是,我们必须明白一个道理,这是一个竞争激烈的时代,每个人都在追赶着前一个人的步伐。如果你稍有懈怠和停滞,必将被他人远远抛在身后。很多事情就像我们外出务工一样,根本无法控制,既然自己无法控制还想取得成功,那么,我们必须培养自己对工作的兴趣,让自己在工作中充满着激情,把消极转化为积极,把懒惰变成勤奋。

和懒惰相依相偎的还有另一个坏习惯——懈怠。在许多组织里,有很多成员懈怠工作当成司空见惯。如果把工作情景摄录下来,你就会惊讶地发现,懈怠正在不知不觉地消耗着我们的生命。其实,懈怠是人的惰性在作怪,每当自己准备专心工作时,就会找出一些可以安慰自己的借口。相反,员工能在瞬间果断地战胜惰性,把全部精力用在工作上,积极主动地面对挑战;而另一些平庸的人却无法定夺,在惰性的"泥潭"里不知所措。

人人都对成功充满着兴趣,而勤奋工作则是通往成功的主要途径。

因此,我们在工作中要有意识、有意志地让自己拒绝懒散和萎靡不振,只有那些勤奋努力、做事敏捷、反应迅速的人,只有充满热忱、血气如潮、富有思想的人,才能把自己的事业带入成功的轨道。

2009年2月,上海推出居住证转户籍新政后,首批获益者产生,多名在沪务工的优秀农民工获得了上海户籍。李影就是其中的一名。

李影是江苏人,只有初中文化程度。1998年初,17岁的李影同许多青年农民工一样,带着泥土的芳香和对未来美好的憧憬,来到上海,开始了人生的第一步。

初到上海时,由于文化程度不高,李影做过纺织女工、餐厅服务员、促销员,这些经历让她学会很多,也让她感受很深,为了能得到上海的认可,她给自己定位是:当别人坐着时,我要走着;当别人走着时,我要跑着。不管是分内的事还是分外的事,总是多做一点、多学一些。

异乡生活让许多同乡、同学坚持不住,放弃了理想,没了热情。但对于李影来说,再难再苦,只要想到养育我的老人,就有了不惧任何苦难的力量。她在餐厅当服务员时,每天晚上睡在餐厅的板凳上,当下班后夜深人静想家想亲人的时候,她也会哭,可哭过以后,她会更加坚定自己的信心,第二天继续打拼。

2005年,24岁的李影走上了上海市龙潭小区公厕管理员的岗位。管理厕所,对于一个正当妙龄的爱美小姑娘来说,确实是一个挑战。当初,公厕门口连接着一条泥泞小路,门前的空地上杂草丛生,来上厕所的人时不时都会抱怨几声。看到一个小姑娘来清扫公厕,很多居民投来怀疑的目光。

李影并没有退缩,她下定决心,要把大家眼里最不干净的场所,变为社区里最美的地方。起初,她发现工作的地方有个便民输液点,不少老人在那里输液,经常有老人举着吊瓶跑到公厕来方便。勤快的李影总是主动迎上去,把老人扶进厕所,为老人举着吊瓶，时间久了，老人们都把她当自己人看待，有时一些老人的衣服破了，灯不亮了，就会找到李影，这些本来是工作之外的事，但是李影还是十分热情地说："阿姨，我帮您缝，灯不亮了，我帮您想办法，不用担心。"

为了保持地面的干净，李影琢磨出一套"跟踪式"保洁法：每来一位顾客，就进行一次打扫。几个月下来，她的双手满是老茧。异味消不掉，她就和马桶较上了劲，冲、擦不行，就用热水烫、用洁厕净洗，后来索性打开下水管道，仔细冲洗干净，异味终于彻底消除。

李影还自掏腰包，买来洗手液、烟灰缸、医药箱、阅报栏、大鱼缸。为了方便残疾人走路，她还在公厕门前的小路上铺上水泥，装上扶手。厕所前的空地也被她划分为两块，一边种上各类花卉植物，另一边供人停放自行车、助动车。居民们欣喜地发现，摆满盆景花草的公厕里清香阵阵、绿意盎然，完全变了模样。

公厕管理员、月薪 2000 元，这个常人看来不起眼的岗位，李影却干得有滋有味。她说："工作虽然平凡，但不能因为平凡而小看自己、小看这份工作。居民认可，我最快乐！"

为了方便工作，李影还将家安在了公厕楼上。正是这份激情和勤奋，她也在工作中做出了不平凡的成绩。2008 年年底，公司成立了以李影名字命名的公厕班组。为了让班组管理的 14 个公厕都能整洁如一，李影每天骑着自行车巡查。每次巡查时，李影只要发现地面上有脚印、玻璃上有灰尘，她也不去争辩，而是自己动手拖地擦窗。

2007 年，李影被评为"全国服务明星"、2008 年成为"全国首批优秀农民工"、2009 年还获得了全国"五一"劳动奖章。

当上海推出居住证转户籍新政后，李影顺利地办理了自己和女儿的落户手续。拿到上海户口簿的那一刻，她喜极而泣，如果没有自己的勤劳付出，她也不可能在人才济济的上海安家。

在绝大部分员工的眼中,企业是老板的,我多做了,那也是给老板白做,不如能省就省,能躲就躲。正是因为有人存在这种心态,才验证了那些优秀者的成功。优秀农民工李影就是一个很好的佐证。一个没有文化的、社会最底层的厕所管理员,在她走上这一工作岗位时,又怎么敢想着有一天能在上海这个大都市落脚,她唯一想到的就是多做点、勤快点,以企业为家,全心全意为大众服务。正是在这种心态的驱使下,她努力付出,在为大家带来快乐的同时,上海也给了她一个真正的家。试想一下,如果李影对工作无精打采,在工作中偷一下懒,她根本不可能留在上海。

事实上,工作中没有懒散和懈怠,只有淘汰。当你在工作中养成了懒散和懈怠的坏毛病后,做事一定拖拖拉拉,工作肯定会经常出问题,没有哪个老板能够永远容忍一个经常出问题的员工,这类员工的最终命运只能被企业所淘汰。

与其被人淘汰重新找工作,不如珍惜现在,对你的企业充满感情,对你的工作充满激情,让自己的手脚变得勤快起来,你的付出必将收获一份回报。

# 5.

# 停止抱怨,努力改变现状

现实中,很多人会以极大的热情开始自己的工作,但在利益的冲击下,久而久之会在心理上产生不平衡感,于是抱怨就会随之产生,抱怨自己没有一份既赚钱又轻松的工作,抱怨上司对自己太严厉,抱怨同事太难相处,抱怨考核制度不公平,抱怨管理制度混乱……

也许你的抱怨有理,但是抱怨的结果是无情的。这样的抱怨对工作没有任何意义,反而会产生不良的后果。当人们把大量时间花在抱怨的时候,人们也就变得懒散起来,对工作渐渐变得毫无激情,每天上班只是应付而已,这样就不会好好工作,从而使工作无法取得更好的发展。

有这样一个小故事:

一头老迈的驴子不小心掉到了一个废弃的陷阱里,它根本爬不上来。狠心的主人认为驴老了,没用了,也懒得去救它,让它在那里自生自灭。

那头驴一开始惊恐、愤怒,抱怨自己的倒霉,抱怨主人的无情,抱怨自己年老无力。驴子感到很累,但是它不想放弃求生的希望,它不想被垃圾所淹没。于是,它不再抱怨,它每天都把人们倒进来的垃圾踩到自己的脚下,从垃圾中找到残羹来维持自己的生命。终于有一天,它重新回到了地面上。

没有什么比这头老驴的命运更悲惨了,它的故事告诉我们:无论现实多么不尽如人意,我们都要有一个正确的态度,埋怨太多,只会埋葬成功。如果你能改变自己的心态,正视眼前的局面,就算生活给你的是"垃圾",你同样能把"垃圾"踩在脚下,登上人生之巅。

生活其实很简单,没有太多的"凭什么"和"为什么",心理一不平衡,行动上自然就会大打折扣,除非你永远想做一个失败者,既然你选择了成功之路,就选择了众多的挫折和不断地前进。有了这种心态,即便是在普通的岗位上,你也会取得意想不到的成功。

赵恒是陕西米脂县龙镇人,父母早逝,家庭贫寒,初中毕业后因无力继续就读,便外出自谋生计,有幸投靠在陕西省盲人协会一名副主席的名下学习保健按摩手艺。通过 4 年的刻苦努力,他以优异的成绩获得陕西省中级按摩师医疗资格证书。

1997 年,赵恒从陕西省宝鸡自强盲人按摩学校毕业,随后南下广东打工 6 年,一直从事按摩工作。其间,赵恒结识了现在的妻子陈海英,她是广东珠海人,重度视力残疾。两人在一起困难重重,但是他们谁也没有一句怨言,两人一起学习共事,最终结为夫妇。

在广东珠海工作期间,赵恒经常接触到残疾人,看到他们因无力从事劳动导致生活不能得到保障,有的甚至对生活失去信心,赵恒心中特别难过,时常思索着是否可以帮助他们。2004年,他与妻子回到榆林,在当地一家按摩院工作。

2009年,赵恒返乡,将十多年的积蓄全部拿出来,又借贷了十多万元,在米脂县创办了规模较大的盲人按摩院和残疾人培训基地。妻子陈海英非常支持丈夫的工作,她说:"有梦的地方就一定美丽,有爱的地方更加光亮。当今社会,健全人就业难,残疾人就业更是难上加难,能为一些残疾人解决就业问题,帮他们重塑生活的信心,这是赵恒的理想信念。当他看着身边的残疾人由低落失望转为积极向上,别提有多高兴了。"

几年来,赵恒的培训基地遇到了各种各样的困难,妻子又是盲人,但是为了当初的梦想,两人将工作中的困难全部转化为动力。培训基地开创不到一年,就累计培训残疾人员近三百人,向二十多家按摩院输送从业人员二百多人,深得用人单位的好评。有的培训结业人员还独立创办了按摩院。

人生的不如意太多了,抱怨是解决不了任何问题的,却使原有的烦恼加倍、长久地出现在抱怨者的脑海里。如果有谁主观上想抱怨,生活中的一切都可以成为其抱怨的对象,如果不愿抱怨,换一个角度想问题,就会发现,通过努力,就能改变现状,并获得成功和幸福的体验,因为事情总包括两个方面,关键在于你怎么看问题了。所以,摆脱"抱怨"对思维控制的第一步就是以平和的心态欣赏你周围的人,即便是曾经的敌人。事实上,通过努力观察使他们成功的言行、了解他们的思维方式,可以让你收获到很多意想不到的东西。

2007 年，世界首富比尔·盖茨在参加博鳌亚洲论坛年会时，在网上接受了近两万名中国网友的提问。其中，大家问得最多的问题就是："你成功的主要原因是什么？"盖茨的回答是："工作勤奋，我对自己要求很苛刻。"

从微软创业初期，比尔·盖茨就异常勤奋。微软老员工鲍伯·欧瑞尔说出了自己在 1977 年进入微软时所见证的比尔·盖茨的工作状态："那时，比尔满世界飞。他亲自跑到各个公司跟人家谈合作、解决问题，比如施乐公司、德国西门子公司、德州设备、法国公牛机器。那些公司会有一大帮技术、法律、销售及业余人员围着他，问他各种问题。比尔经常单枪匹马到世界各地参加展览会、推销产品。比尔整天都在销售产品。有时，他刚出差回来又连续上班 24 小时，累了就在办公桌下睡一小会儿。"

虽然微软的员工们非常卖力地工作，但都勤奋不过他们的老板比尔·盖茨。事实上，比尔.盖茨至今仍然如此勤奋努力，哈佛商学院的案例是这样记述的："盖茨好像就住在办公室，他每天上午 9 点钟左右来到办公室，一待就到半夜，吃比萨饼外卖这顿晚饭的几分钟时间就算是休息，吃完后他又继续忙开了。"

相对而言，成功者受到的压力远远大于正在奋斗的人，成功者更有资格去抱怨，他们的抱怨更能有效地得到解决，然而，我们听见过成功者的抱怨吗？没有。因为抱怨不是他们的成功之道，他们遇到困难时总是靠自己的努力去改变困难，这是他们的成功之道。

不管走到哪里，我们都能发现许多才华横溢的失败者。当你和这些失败者交流时，你会发现，这些人对原有的工作充满了抱怨、不满和谴责，要么怪环境条件不够好，要么怪老板有眼无珠、不识才，牢骚一大堆，积怨满天飞。殊不知，这就是问题的关键所在，正是自己的抱怨使发展的道路越走越窄，他们与公司格格不入，变得不再有用，只好被迫离开。

想象一下，船上的水手如果总是不停地抱怨：这艘船怎么这么破，船上的环境太差了，食物简直难以下咽，以及有一个多么愚蠢的船长。这时,你认为,这名水手的责任心会有多大?对工作会尽职尽责吗?假如你是船长,你是否敢让他们做重要的工作?可见,很多人的不利处境都是自己一手造成的。大家的起点并无多大的差别,一些人因为抱怨而让自己背上沉重的心理负担,爱抱怨的人必然总是情绪不佳。在这样一种精神状态下,他又怎能做好自己的工作,过好自己的生活?

不要让抱怨充斥我们的生活,工作对每个人来讲都是一样的,机遇对每个人来讲也都是公平的,关键在于你是否能够把握住。如果你不能适应当前的工作,不能调整心态,你永远只会抱怨,永远都会有烦恼。

抱怨不能解决实际问题,抱怨不能使你摆脱现状,不会使你的工作越来越好。因此,与其抱怨,不如改变心态,努力工作。我们应该端正心态,去热爱自己的工作,只有当你产生对工作的热爱时,你才会发现工作的乐趣和它带来的好处,你才会乐于去做与工作相关的任何事情,然后你自然会想方设法地去做好工作,从而使工作得到完美完成。与此同时,你的能力得到意想不到的提高,可以胜任更高要求的工作,自然升职的机会就会多起来。要想改变自己的命运,首先就是要停止抱怨。

停止抱怨,多一点实际行动,做简单工作时多一点认真,做复杂任务时多一点细致,遇到困难时多一点自信,遭受挫折时多一点坚持,只要我们努力工作,就一定可以改变现状。所有困难,不过是锻炼我们能力的一场场考验而已。当我们不再抱怨的时候,就是我们成长之时。扫除抱怨,才能让自己更多的聪明才智得到充分的发挥;摒弃抱怨,才能使自己的人生道路更加平坦。

让我们停止抱怨,努力工作吧,只有以一种积极的心态投入到工作之中,保持激情的状态去工作,才能体会到工作所蕴含的温度与厚度,才能得到一个更多快乐、更为充实、更有意义的人生。

# 第八章

## 注重身心健康：
## 对自己负责对生命负责

# 1.

## 重视安全,提高自己的安全意识

当人谈到幸福时,有谁会联想到工厂失火、瓦斯爆炸、轮船沉没、大厦倾覆、飞机坠落、火车相撞,又有谁的眼前会出现断肢残臂、血肉模糊的恐怖场景? 有谁会把安全与幸福联系起来? 然而,安全活生生地硬是将每个人的幸福生活扯在了一起。

当我们走出家门的那一刻,家人对我们最多的叮咛就是:注重安全,保重身体。因此,在上班路上,当我们憧憬幸福生活之前,我们不妨先回答几个问题:安全是什么? 为什么我要安全? 谁关心我的安全?

安全是什么? 从大的方面讲,安全是人类生存的保证,是人类与生俱来的追求。人类要生存,就要克服、避免威胁生命的种种不利因素及危险,竭尽全力获取平安生存的基本条件。同样的道理,个人要想有所发展,安全是基础。

对个人和家庭而言,安全就是爱,你的安全就是你对家人的爱。大多数人的幸福存在于平淡、真实的生活瞬间,这一切都需要我们的健康、我们的安全作保障。只有我们健康、安全地回到家里,我们的家庭才是快乐的、圆满的。

平安很简单,可有些人就无视于这些简单,把平安踩于脚底下,把亲人的担心和牵挂当成唠叨,无视于安全法规,无视于厂规厂纪,于是一幕幕血淋淋的安全事故就这样无可避免的发生了。安全是对家人的爱,爱的对立面是痛苦。

为什么我要安全？因为我们带着期望来上班，我们的身上有对家人的责任，有对企业的责任，有对工作的责任，为了这些责任，我们必须在上班过程中平平安安，这是所有与我们有密切关系的人的共同心愿。此外，安全生产关系到企业与员工的生命财产，关系到每位员工的切身利益，关系到每位员工的家庭幸福。假如企业发生一次安全生产事故，不仅搅乱了企业的正常生产秩序，也会给事故出现的家庭带来沉重的打击，如果处理不当，还会酿成严重的社会影响，直接影响企业与员工的经济效益。所以，安全生产也是社会保持稳定发展的重要条件。

对企业来说，员工的安全文化素质的高低直接关系到员工在安全工作上的主动性、积极性和有效性。安全已逐步成为企业员工的第一需要，这也是员工从切身利益出发提高自身安全文化素质的源动力。

明白了安全对自己、对家人、对企业、对社会的重要性，我们来看看谁应该更关心我的安全。家人关心我们的安全，可是他们在家里，只能在心中祈祷；领导关心我们的安全，可是他们不能代替我们工作，只能督促我们注意安全。安全问题只有我们自己在工作中规避，没有人比我们自己更应该关心安全问题。

只有我们在工作中不断提高安全意识和安全技能，才是最好地保护自己。安全就掌握在我们的意识里，掌握在我们自己的手中，监控器、报警器、灭火器以及所有的安全设备都是死的，只有正确使用它们的人是活的，有了人的安全主观能动性和安全技能，才有真正的安全保障。所以，我们的安全不能交给设备，也不能交给他人。对安全负责就是对自己负责。

个人是家庭的一员，自身的安全就是家人的幸福，如果自身的安全保证不了，将会给家庭带来不幸和痛苦，给家庭生活抹上一层永远的阴影；个人是企业的一员，无论发生什么事故，不仅是给自己造成痛苦，企业也将产生不良影响。因此，不管是作为个人小家的一员，还是企业大家的一员，员工在工作前必须冷静地思考安全的位置和分量，杜绝事故的发生，防止隐患的蔓延，保障自己的安全。

对自己负责，必须从小事做起，从细节做起。很多人在日常的工作中,往往只重视抓安全工作大的方面,却忽视了一些安全小事,一些人的头脑中还未真正树立起"安全无小事"的观念,认为小毛病、小问题、小隐患无碍大局,司空见惯,认为不会出事,这种观念是十分有害的。小事也会酿成大事故!

工作中,往往由于少数人责任的懈怠、安全意识的淡薄,使许多完全可以消除的小问题、小隐患、小苗头,终究累积酿成了滔天大祸。如果每个安全责任人能够树立"只有满分"的思想,100%严格按规章制度办事;检查到位,不漏过一个细节;措施到位,不漏过一个疑点,许许多多的事故都是可以避免的。

"安全生产"人人都会说,要做到这一点并不是一件容易的事,我们还需要用好几个心:一是进取心,平时的工作要做好,认真夯实理论基础,刻苦钻研专业技术,努力提高实际操作和处理事故的能力;二是专心,工作的时候要集中精力,不要想工作以外的事情;三是细心,不管是长年接触的,还是第一次接触的工作,都来不得半点马虎,粗心大意实在是安全生产的天敌;四是虚心,相当一部分安全事故就是因为一些"冒险家"胆子太大,不懂装懂,冒险蛮干造成的;五是责任心,立足岗位,爱岗敬业,在安全生产中切实做到"严、细、实"。

只有这样,我们才能真正从"要我安全、为我安全"向"我要安全、我会安全"转变,增强责任意识,规范自身行为,时时刻刻讲安全,事事处处保安全。

安全不仅属于企业,也属于社会,更属于家庭和我们自己。生命是宝贵的,生命属于我们只有一次。为了各自的生命,为了他人的安全,为了家庭幸福,请重视安全生产,警钟长鸣,必杜绝一切安全隐患。

千万不要辜负了亲人在我们说的那一声"祝你平安",任何一个时刻都是生命中一段航程的终点和另一段航程的起点,"平安"是所有人对美好生活的共同希望。无论你是伟大者还是平凡者,无论工作还是生活,我们都必须一直依赖着"安全"这个拐杖,没有它,我们就会摔跤,可能走不过风风雨雨,更不可能到达人生辉煌的顶峰。

2.

# 积极学习安全知识，提升安全素质

科学技术的不断进步对员工文化和技术等综合素质提出更高的要求，其中安全文化素质日益成为现代企业员工必备的重要素质之一。而这方面的素质，正是广大农民工朋友所欠缺的。

外出务工前，大部分农民工朋友都是在家务农，这一工作危险性小，不需要学习太多的安全知识。可是，当我们进入各行各业的工厂后，工作环境的好坏有着很大的区别，由于不同职业、不同岗位的要求，有部分工作的环境对于人体的健康是有害的，有部分人可能在作业场所会接触到的粉尘、化学性毒物、物理因素、生物因素等一些对身体有害的因素，这就是所谓的"职业危害"。

据卫生部消息，目前我国有毒有害企业超过 1600 万家，受到职业危害的人数超过 2 亿，其中绝大多数是从事煤矿、建筑、城市卫生等行业和乡镇企业中的农民工。血的教训要求员工必须具备安全文化素质。事故的发生不仅给伤亡员工及其家属带来不幸，也给企业、社会造成巨大损失。因此，企业的可持续发展和员工的健康安全必然要求员工有"过硬"的安全文化素质。

第一，安全文化素质的提高有利于拒绝违章指挥。违章指挥主要是管理者不顾安全生产，违反安全生产法律、法规及规章制度，而盲目指挥生产，或强令他人冒险作业，一般会酿成群死群伤的重特大恶性事故，危害极大。员工安全文化素质的提高，自然就要求管理者勿忘安全，尊重人的生命，员工敢于大胆拒绝违章指挥。

第二，安全文化素质的提高有利于制止违章作业。员工违章作业是没有正确树立安全价值观。无知违章是因缺乏安全知识；失误违章是因操作技能不娴熟或设计不科学造成的;故意违章是存在侥幸心理。员工之间常年工作在一起,彼此性格、脾气、爱好等相互了解,更能及时纠正违章,把事故隐患消灭在萌芽状态。员工之间的相互监督、员工家属提醒和督促是控制违章作业的头道防线。

第三,安全文化素质的提高有利于避免短期行为。短期行为的特征是忽视安全基础设施建设,以损害员工安全和健康的长远利益来换取眼前利益。避免短期行为除了严格的法律、法规、合同约束外,要依靠员工群众,同短期行为做坚决的斗争,保护自己安全合法权益。

第四,安全文化素质的提高有利于督促隐患整改,避免事故的发生。事故并不在于事故本身而是对事故以及隐患的麻痹思想,同类事故的连续发生是没有深刻吸取事故教训所致,事故来源于麻痹便是很好的总结。员工安全文化素质高,能发现和督促隐患整改,从而避免一切可以发生的事故,做到警钟长鸣。

第五,安全文化素质的提高有利于职业前途的发展。安全是企业的生命线,当前很多企业十分重视安全生产,积极学习安全知识,提升安全素质,能够得到企业的器重。

对煤炭企业来说,安全高于一切。在煤矿安全生产管理中,安检人员起着至关重要的作用,被誉为煤矿安全守护者。在豫东永夏矿区,就有着这么一位农民工煤矿安全"守护神"。他就是河南神火集团薛湖煤矿安检大队副队长、共产党员常广彦。

1984年,18岁的常广彦高中毕业后,怀揣着人生的理想,来到煤矿当了一名掘进工。由于勤奋努力,不到三年就当了掘进班班长。在之后的几年中,他又干过通风、采煤、瓦检等多个工种,积累了丰富的现场经验,掌握了煤矿各个环节的安全知识。从2002年起,常广彦开始从事安检工作,很快成为一名安全监管的行家里手。

2005年3月的一天,常广彦和往常一样下井到自己所负责的采面接班,他发现从采面出来的人员所携带的瓦斯检测仪全部都不显示了。他就拦住矿工询问，但由于这是低瓦斯矿井，大家经验不足，弄不清是怎么回事，都说是瓦斯检测仪坏了。瓦斯检测仪一两个坏了有可能，但不可能全部都坏了，这里面一定有问题。凭借多年的经验，他断定是瓦斯超限，并且不是一般的超限。想到这里，常广彦立即赶往采面，刚入巷道 6 米，他的瓦斯检测仪就响了起来，但几声之后也不显示了。他随即用随身携带的光学瓦斯检测仪进行测量，不测不知道，一测吓一跳，现场瓦斯浓度已经超过 10％。这时，常广彦虽然感觉到呼吸异常困难，但想到工友随时都可能倒下，瓦斯随时都有可能爆炸，就什么都不顾了，只想赶紧把人撤出去，于是见人就挥舞着双手大喊："瓦斯超限了，赶紧走呀！"

此时，正处在交接班时间，部分工友没意识到事情的严重性，仍在继续干活。为了使大家尽快停下手里的活儿，常广彦干脆一屁股坐在煤溜子上不起来。等矿领导赶到时，瓦斯浓度已经达到了 40％，但人员已经一个不剩地撤了出来。矿领导对常广彦说："你拯救了井下一百多名矿工，你是矿上的功臣！"

当时，常广彦还是一位农民工。为此，矿上破格将其转为合同制职工。

在工作中，常广彦从没有停止学习现代化的煤矿安全知识，并结合日常工作的实际经验，不断提升自己的安全素质水平。2007 年，已经成为瓦斯治理能手的常广彦调到薛湖煤矿，仍然干安检工作。

薛湖煤矿离他家很近，但常广彦却很少回家，基本上吃住在矿上，下班后就钻进图书资料室看书学习，研读资料。几个月后，他看完了所有的操作规程、作业规程及瓦斯、一通三防之类的专业书籍。与此同时，他经常跟班下井，到各个工作面查看。常广彦一个班下来常常要走十几公里的路，脚上穿的胶靴经常是不到一个月就磨得没了底。正因为如此，广博的理论知识和丰富的现场实践经验结合在一起，使得常广彦在薛湖煤矿有"活规程""活措施"的称谓。

有一次,一个工作面回采结束后要进行风巷超前棚落底,大家认为落底后巷道高度只要符合作业规程要求的1.8米就行了。恰好常广彦来到这里检查,他看了看,告诉跟班安检员,此次风巷超前棚仅仅落底1.8米是不够的,因为随后就要进行支架回撤,会影响进度。当时跟班安检员不以为然,但还是按照常广彦的要求加大了落底深度。事实很快得到了印证,在支架回撤时,那个跟班安检员彻底服了,他看到此时巷道高度刚好满足支架回撤需要,如果当初不改,势必要停下来进行二次落底。

薛湖煤矿是高瓦斯矿井,综采工作面上下隅角的瓦斯治理至关重要。为此,常广彦在上下隅角瓦斯治理上下了大功夫,为掌握第一手资料,综采面他是每班必去,有时一待就是五六个小时。功夫不负有心人,他终于总结出了一套上下隅角瓦斯治理办法,这套治理办法有四个要点:一是用风障导风。利用风障引领风流,吹散上隅角的瓦斯。二是打垛必须45°。在风流经过的地方不留任何死角,不给瓦斯提供积聚的空间。三是埋管抽放。打垛之后埋设瓦斯抽放管抽取垛后瓦斯。四是高位抽放。通过打不低于采高3倍的高位抽防孔抽放高位采空区的瓦斯。下隅角的瓦斯治理更为直接,即用风障(至少20米)密封严运输机头后老空区的空间,以防新鲜风流进入采空区。

如今,常广彦的这套方法在薛湖煤矿得到广泛推广利用。薛湖煤矿因此形成了自己的防突理念,成了永夏矿区瓦斯治理的龙头单位。

常广彦干安检已经多年,尤其到薛湖煤矿以后,他不断地学习、积累、琢磨、总结,逐渐形成了一套行之有效的"11156"安全管理法,即一个会、一堂课、一支队伍、五必到、六不准,在薛湖煤矿被奉之为安全管理的法宝。

一个会:一个班前会。安检大队每个班都会开一个班前会。在这个会上常广彦会强调两件事:一是上个班的隐患分析,二是下个班的现场隐患检查。

一堂课:一堂安全教育课。常广彦对"三违"人员有这么一个原则,即"抓住一个,教育一个,减少一个"。多年来,他都会坚持给"三违"人员上一堂安全教育课,在课上重点讲四个问题:一是为什么被抓"三违",二是"三违"的危害性,三是类似的"三违"还有哪些,四是如何避免"三违"。

一支队伍:言传身教培养安检员。对安检员的培训,常广彦实行以老带新的办法。新来的安检员都要签订"师徒合同"。老安检员通过手把手地教,逐项逐项地传授,比如怎样使用光瓦检查瓦斯浓度,如何做好采掘工作面的现场监督,等等,直到掌握了现场管理的要点为止。安检员独立上岗后,常广彦还经常跑其所跟的头面,随时发现新安检员在工作中的薄弱点和监管盲点,并针对性地予以纠正。如今,全矿安检员有六十多人,其中有半数以上是常广彦带出来的。

五必到:巡查中必到五类头面。一是上个班隐患比较多的头面必到,看隐患是否整改到位,二是当班问题比较多的头面必到,三是跟班安检员力量比较弱的头面必到,四是易发生问题的薄弱头面必到,五是技术管理薄弱区队施工的头面必到。

六不准:安检员作风上的六条要求。每当有新的安检员调入安检大队,都会知道一个规矩,这就是常广彦立下的"六不准":一是严于律己,不准吃工人的一顿饭,喝工人的一瓶水,拿工人的一分钱;二是实事求是,不准无中生有抓"三违";三是不准打击报复"三违"申诉的职工;四是不准玩忽职守,擅自离岗;五是不准在险情面前退却,要始终战斗在安全第一线;六是不准违反规章制度大开绿灯,给隐患放行。

2011年,常广彦被薛湖煤矿授予"终身首席员工"和"特等功臣"。

从农民工到优秀敬业的安检人员,常广彦凭借着自己过人的安全素质,最终书写出了令人称赞的人生辉煌篇章。

可见,学习安全知识,提高安全文化素质,不仅有利于企业生产,有利于个人的人身安全,而且有利于个人事业的发展。

## 3.

## 全面掌握安全技能,保证岗位安全

近年来,在一些地区,群发性职业病危害事件时有发生。如河北省高碑店市农民工苯中毒事件,福建省仙游县、安徽省无为县、云南省水富县农民工患尘肺病事件等。这些事件的发生主要有两个原因:一是企业对安全生产的不重视,二是员工安全意识薄弱,安全技能掌握不熟练。

抛开企业的因素,我们该如何做好自身防护措施呢?对此,我们必须了解造成职业病的原因,如此才能有效地预防。卫生部发布的《职业病危害因素分类目录》,将主要的职业危害因素分为 10 类:

(1)粉尘类;

(2)放射性物质类(电离辐射);

(3)化学物质类;

(4)物理因素;

(5)生物因素;

(6)导致职业性皮肤病的危害因素;

(7)导致职业性眼病的危害因素;

(8)导致职业性耳鼻喉口腔疾病的危害因素;

(9)职业性肿瘤的职业病危害因素;

(10)其他职业病危害因素。

这10大类职业危害因素中，又以尘肺病为最多，尘肺病多发于粉尘浓度高、劳动防护条件差的工作场所，如煤矿、水泥厂等。由于很多农民工都从事挖掘、切割等需要接触高粉尘的工作，于是，尘肺病成了很多农民工难以避免的职业病。

据统计，截至2010年，我国仅尘肺病人就累计达67万人。2011年，我国煤矿检出尘肺病人达14000例，呈上升趋势，且发病年龄趋向年轻。

一些在煤矿、水泥厂工作的农民工看上去年过半百，但其实可能只有三十岁出头。常年灰头土脸的工作带给他们的不仅是外貌的苍老，更易落下身体不适、经常咳嗽的毛病。而在一些用工单位，很少有针对工人劳动时的防护措施。于是，各种肺病、呼吸道疾病，最终找上了从事相关工作的农民工们。

尘肺病是由于长期吸入粉尘导致的肺部疾病，无法治愈。得了尘肺病，常见咳嗽、喘息，且容易气短、自汗、易感冒等，也可引起心血的运行不利，出现心悸、胸闷、唇甲紫暗，以及引起水肿、小便不利等症状。尘肺病患者及时就医治疗是关键。现在一般的体检都能对尘肺病的防治起关键作用，得病后还需要良好的饮食调理和充足的休息。但这对很多农民工来说，却成了难题：一方面因为经济原因，他们不愿花钱体检；另一方面体检出了病还要继续干活，不然家人的生活就无以为继。然而，继续工作的后果会非常严重：严重的尘肺病会使人丧失劳动能力，同时治疗费用非常高。

因此，农民工朋友们在不能避免从事需要和粉尘打交道的工作时，防护措施非常重要。防尘口罩、风帽等是必备之物，一般用工单位都会免费提供。如果用工单位不能提供这些用劳保用品，自己就要去购置，千万别省钱。使用口罩时是有一定讲究的，需要及时进行清洗和更换，否则就跟没戴差不多。

由于尘肺病和慢性职业中毒的潜伏期较长，往往不受重视，而一旦发病往往难以治愈，病死率高。在一些地方农民工家庭因职业病致贫、返贫问题十分突出，农民工健康问题已经成为影响社会稳定与和谐的公共卫生问题和严重社会问题。

我国于 2002 年 5 月 1 日正式实施了《职业病防治法》,并确定每年 4 月的最后一周为全国职业病防治法宣传周。一些地方政府也出台一些关于农民工职业安全与劳动保护监督的暂行办法,对一些在煤矿、非煤矿山、建筑、危险化学品、烟花爆竹等高危行业从事安全生产管理工作的农民工提出了严格要求,要求他们必须按照国家有关规定经专门的安全作业培训,取得特种作业操作资格证书后才能上岗。

在员工就业前,企业一般会给员工提供职业安全知识培训,培训内容主要包括:职业卫生相关法律、法规知识,如《职业病防治法》《尘肺病防治条例》《使用有毒物品作业场所劳动保护条例》《放射性同位素与射线装置放射保护条例》等;让员工了解生产工艺过程、存在的职业病危害因素及其环节、怎样防护、应急处理等知识。如果企业没有这方面的培训,员工自己应该主动去学习。

在工作过程中,企业和员工要正确使用劳动防护用品。一般情况来讲,改善工作环境,排除职业病危害因素是根本性的措施,使用个人防护用品,只是一种预防性的辅助措施。但是,在一定条件下,如劳动条件差、危害因素浓度大或集体防护措施起不到防护作用的情况下,使用个人防护用品,则成为主要的防护措施。

工作中常见的劳动防护用品有:防护头盔、防护服、防护眼镜、防护面罩、呼吸防护器及皮肤防护用品。企业应依据劳动防护用品发放标准正确选用和采购劳动防护用品。员工应针对接触危害因素的种类正确佩带和使用劳动防护,并定期检查维护个人防护用品。

工作环境的改善虽然能够很大程度上让员工远离职业危害,但是关键还在于员工在工作过程中的自我防护。员工在工作过程中,应严格按科学规律办事,要自觉遵章守纪、严守操作规程;应保持良好的思想情绪,排除一切干扰;应自觉使用好个人防护用品;注意个人卫生和生活习惯,应注意勤洗澡、勤换衣服,保持皮肤完整清洁,不吸烟、不饮酒、加强营养,合理安排作息时间,营造一个合理、舒适的休息环境,保证睡眠的质量。

总之,拥有健康的身体是每个人的共同心愿,也是企业的根本。作为员工,要高度重视职业危害,时时关心自己的身体,全面掌握安全技能,尽力降低职业危害，以维护自己的身体健康，为企业做出更多的贡献。

## 4.

# 讲究卫生，注重健康

当前，网上有些帖子说，农民工工资比普通人高，挺羡慕他们的。殊不知，这些所谓的高收入都是用一般人没体验过的艰辛换来的。睡地面，睡铁皮房，上下大通铺，汗臭、脚臭味混合在一起；棚屋夏天热得像蒸笼，冬天又一点也不挡风……在这种恶劣的环境下生活，难免会出现头痛、脑热等症状，严重影响着农民工的身体健康。

还有一些人对农民工存在偏见，认为农民工不注重个人卫生，甚至避而远之。其实，并不是农民工兄弟不讲卫生，而是很多时候是因为个人生活条件所限，或者是自己所从事的工作的特殊性，无法让他们时刻保持清洁。

以工地上的务工者为例，如果工地提供水冲式厕所，且数量能满足需要、厕所粪便经三格式化粪池无害化处理后排入市政排污管道系统，那么卫生状况尚可。但如果没有独立卫生间，特别是在夏天，就极易传染疾病。尤其是一些女性农民工，为了节省费用挤住在一起，洗漱条件差，日常用具混用，很容易造成交叉感染，患上各类妇科疾病。

多数大型建筑工地都为工人建了食堂，但在那些没有建食堂的工地干活的农民工，就只好在小摊上吃饭了，不洁饮食让他们成了肝病感染的高危人群。当他们之中有人患上肝炎后，为了省钱，药也只是吃吃停停。

还有很多农民工由于工作原因，经常不能按时吃饭，或者只能吃生冷食物，长此以往，容易得慢性胃病。该吃饭时不吃饭，身体按时分泌的消化酶便会损伤消化道黏膜；不该吃饭时又去进食，食物没有足够的消化酶消化，便会滞留在胃肠，造成肠胃负担。

而且这类农民工不在少数，以下是记者对山东青岛和济宁部分农民工食堂卫生情况作的一次调查，我们可又从中初见端倪。

记者在青岛市区一些工地食堂采访时发现，很多工地食堂非常重视食品卫生，但有一些工地食堂存在着食品加工不规范、就餐环境恶劣等问题。有的工地食堂设置在简易棚内，有的"餐厅"干脆设在了露天平地里。

记者来到青岛中路一建筑工地，转悠了几个来回，才在一排破板房内发现一处食堂，十几名工人正围坐在一张桌子前吃着盛在一个大盆里的炖白菜。趁农民工们吃饭的空闲，记者拐进了旁边屋子——厨房间。记者发现，如果不是屋内放置的灶台，记者很难想象这是一个做饭的场所：屋内光线昏暗，地面坑坑洼洼，已经被踩得油乎乎的，看样子很长时间没有收拾了，白菜、土豆等随意堆在脏兮兮的地上。

记者注意到，这些农民工使用的凳子和桌子，只不过是由一些三合板下脚料拼凑制成的。"有地方坐，不用忍受风吹日晒，吃起来比较舒服！"尽管条件非常艰苦，但来自临沂的杨先生却没有丝毫不如意的感觉。他告诉记者，老板带他们几十个人承包工程，食堂是老板方便工人就餐而开设的，卫生肯定比不上家里。但时间长了，大家已经习惯了。

在青岛中路另一家工地食堂，准备开饭的工人们拿着饭碗走进了一间不足10平方米的小屋。不长时间，他们又端着饭菜回到院子里，几名工人把盛菜的红色大塑料盆往泥地上一放，大家就三五成群围成一圈，蹲在地上吃了起来。在工地食堂负责做饭的一名女子告诉记者，老板在这里承包了一小部分工程，只有不到10名工人在这里干活，为了解决工人的吃饭问题，老板专门腾出一间小屋，雇她来给工人做饭。

在另一家建筑工地，农民工许先生来到工地食堂卖饭的窗口。窗口内的一名男工作人员接过钱后，扔进盛钱的盒子里，又在里面乱翻一阵，找出几张零钱给许先生。后边的工人买馒头时，那名工作人员用刚刚抓过钱的手一把抓起两个馒头放进碗里。

在济宁市的一个工地附近，中午十二点左右，一群群身上布满尘土和白色油漆的农民工正在向工地附近的小饭摊聚拢，这正是他们收工吃午饭的时间。"主要是觉得在这地方离得近，卖得也不贵，种类不算少，有些口味还真不错。"在工地上负责推车的老王师傅对这样的伙食已经很满足了。不过，据知情人介绍，这些小饭摊全是周围居民开设的临时摊点，基本上是无人监管，又靠近建筑工地，运送建筑材料的大车来往不息，带起的黄尘足有半米多高，环境很是恶劣。"这些小摊点都没有店面，做好的菜直接就摆在路边，车辆扬起的尘土还不得全落在菜里啊。"附近居民程先生觉得这样很不卫生。

时值初冬，气温已降至七八度，想在这些没墙、没门、没窗的小摊点吃顿热乎饭，似乎很难。"也有不少小摊是现炒的菜，再加个炖菜，五六个人围成一圈，吃快点，也没什么关系。"二十出头的小李师傅看得倒是挺开；和他一起吃饭的辛大哥却持不同意见："冬天饭菜当然是热的好，他们小伙子年轻、身体棒不怕生病，咱们这些上了年纪的老家伙可比不得，随时要注意的。"辛大哥的话得到了多数人的赞同；不过也有表示"中立"的，一位爽利的大姐告诉记者，"虽然俺们也不喜欢凉掉的饭菜，但是总比夏天饭菜容易变质、到处都是苍蝇强，吃凉了可能拉肚子，吃坏了那可是要食物中毒的。"大姐的话乍听起来很有道理，但是仔细一琢磨却不是那么回事，在恶劣的环境下，不管冬天还是夏天，都会很容易食物中毒的。

难道农民工们就没有自己的食堂吗？为什么建筑商不给农民工们提供食堂呢？"以前我们工地是有的，但是地方太小，一下班工人都满满的,根本挤不上。而且东西也不好吃、还贵,后来大伙都不去了,时间一长好像就给撤了。"一位姓肖的大哥这样告诉记者。"我们工地采用的是将吃住费用补贴到工人日工资里去的办法,这样就少了很多麻烦。"这位姓王的"包工头"告诉记者,因为有时候工地的工时比较短,建食堂不太现实,他们就建议工人们去外面吃,其实一些餐馆的卫生许可证、食品监督证和工作人员的健康证都还是比较齐全的,工人们出去吃一般也不会出现什么大问题。话虽在理,可看农民工吃饭的现状,这种方式似乎也不怎么合理,不过王先生说,这也是一些农民工自己的选择,如果在伙食上节省一点,他们相对来说就可以多赚点。"如果食堂的饭菜便宜一点,地方再大点,我们还是喜欢在食堂吃,因为自己人做的饭肯定比外面卫生得多。"肖大哥和工友们也希望有个定点吃饭的地方。

记者的探访说明两个问题:一是农民工的生活卫生条件确实差;二是农民工的卫生健康意识普通不高。

健康的身体是自己的,没有身体健康就失去了挣钱的本钱。因此,不管我们生活和工作的条件如何差,关键我们要主动培养讲究卫生的习惯,将讲究卫生视为一种素质,一种品质去培养。

当我们不能摆脱集体居住时,至少我们应该每天做好清洁工作再休息,尽量保证居住环境的通风、干净,特别是日常生活用品,尽量不要共用,并且要经常清洁和消毒;当我们不能在工作中保持清洁,至少我们应该做好必要的防护措施,尽量减少过度的身体损伤。总之,从点点滴滴做起,做到自己所有能做到的,给自己一个好的卫生习惯,确保身体的健康。

*5.*

# 关注心理健康,减轻心理压力

良好、健康的心理素质包括：智力正常,思维清晰,有理智,能把握、控制自己;情绪稳定,并善于调节自己的情绪;能正确评价自己,有主见;能正视现实,热爱生活,乐观,追求新事物;善于与同事相处,有和谐的人际关系和积极的人际交往;责任心强,适应能力强,能以积极的态度对待困难等等。

农民进城务工,从熟悉的乡村到陌生的城市,会体验到工作与生活各方面的巨大差异,由于习俗、习惯、知识、职业的差别,往往使进城务工的农民感到自己与城市社会格格不入,现实与原来的理想、期望存在着巨大的反差。进城务工难免会遇到各种各样的困难、挫折,诸如工作难找、工资低、入不敷出、感觉人际冷淡、与他人的矛盾、失业、受到不公正待遇等,心理困扰也随之而来。由于工作的压力大,精神生活的缺乏,不少农民工不同程度地存在自卑、失落、压抑和缺乏归属感等负面心理问题,由此引发了一些社会问题。而由于生活和工作环境不稳定,夫妻长期分居等,也造成了农民工在情感需求上的困扰。如得不到及时调整和缓解,既会损害身心健康,也可能诱发心理变异而导致犯罪。久而久之,很可能变得悲观厌世,或是走上犯罪的道路。这就违背了务工者进城的初衷,也会给社会造成危害。因此,培养良好、健康的心理素质是十分必要的。

由心理压抑造成的悲剧并不少见。曾有报道说,3名农民工在一家小饭店喝醉后,因店主拒绝再卖酒双方发生口角,结果3人将店主打伤,并与随后赶到的110民警发生了冲突。

事件的起因发人深省:这3人从农村老家抱着"淘金"的念头到城市打工,结果发现现实生活与期望相差很大,连续换了几个工作都干不长。

他们觉得城里人处处瞧不起自己,认为酒店老板不卖酒是看不起自己,长期压抑的心情一下被点燃,一场冲突就不可避免地发生了。

这样的偶发事件,实则折射出的是农民工在城市谋生,因感受现实强烈反差、生活极其单调而产生的心理问题。悲观、脆弱、敏感,有了心理问题找不到人倾诉,没有合适的解脱方式,才导致他们心理异常,最终以剥夺他人生命或伤人的方式宣泄。

造成农民工产生心理问题的根本原因,是他们的生存问题。老一代的农民工,背负的最大压力是养家糊口,繁重而艰苦的劳作,缺少精神文化生活,以及迥然不同的生活方式,使他们在心理上有受歧视感和地位低劣感时,各种焦虑症就随之而来。同时,一些城市居民存在歧视农民工的现象,也造成了农民工的心理负担。现在常见诸报端的农民工坐地铁不敢坐座位的新闻,便发人深省。

相对来说,新生代农民工更容易理解和接受城市的行为规范以及价值观念,也更能融入城市生活中,但是如何真正成为这个城市的一分子,如何让子女也能留下来,关键是不再受自己受过的苦和罪,往往成了引发他们焦虑的因素。

广东一家企业的老板很不能理解当下一些工人的行为,因为从上世纪80年代末他就在东莞设厂,他认为以前的工人好,现在的工人不好,这些工人经常跳槽,动不动就走,他不知道工人为什么跳槽。于是,这位老板就设计了一份问卷。有一份问卷,老板有特别强的震撼,工人在上面满篇写着"不爽"。

这位老板发现,一些很微妙、微小的事情就有可能触发员工的辞职。有一次,一名员工洗澡的时候,看到澡堂上面有一个蜘蛛,他把这件事告诉了老板。老板说:"你太娇气了。"员工说:"洗澡堂有一个蜘蛛,我要辞职。"

这位老板的问卷很能表明问题,农民工辞职的原因千奇百怪,各种各样具体的原因,但是背后有共同性的东西,那就是"不爽",心理不爽,情感不爽,不爽的原因太多了,甚至找不到具体的原因。于是,有些人脆弱到一只蜘蛛就能让他辞职。这种脆弱的背后,弥散着他对人生的焦虑与恐惧。

还有一个调查,2005年,一些健康和预防医学的专家针对春节返乡农民工的心理健康作了一次调查,让春节返乡的农民工填写一个心理健康调查的表。心理健康调查涉及很多方面,专家也设计很多问题探测农民工在心理健康上是什么水平。调查发现,各项因子阳性项目数的指标都显著于全国成人常模。阳性项目指标显著于全国成人常模,主要的问题是强迫,然后依次是人际关系、敏感、偏执、抑郁、敌对等等。

各项调查都表明,农民工群体的心理健康问题正受到前所未有的挑战。2013年"两会"期间,农民工代表刘丽提出了农民工中出现"临时夫妻"这一敏感的话题。农民工结成"临时夫妻"不仅仅是一个道德问题,这一问题的产生最终根源还是要归结到农民工的心理健康上来。

> 有人曾对山东济南各个建筑工地农民工作了一次"情感生活调查"。接受这次调查的40名农民工分布地域广泛,既有来自省外的,如江苏、四川、河北等省,也有来自山东省内各地的。40名农民工均为已婚男性,90%的被调查者年龄在30岁以上。他们多数长期在外打工,其中有28人在外打工在6年以上,而且很大一部分在10年以上。被调查者中30名农民工的妻子现在"在家务农",4名在家乡工厂上班,而仅有6名农民工的妻子和自己在外一起打工。由此可以看出,80%以上的农民工与妻子长期两地分居。
>
> 在一项"每年打工期间与妻子见面次数"的调查中,有50%以上的农民工每年与妻子见面的次数少于4次。有50%的农民工承认他们的夫妻感情一般或者较差。
>
> 由于每年与妻子见面次数非常有限,农民工长期缺乏性生活。在"打工期间性生活状况"一栏中,有36名农民工承认自己3个月以上没有性生活,而且有10名农民工称自己已经半年以

上没有性生活。而参加调查的农民工大部分年龄在 30 岁左右，正值壮年，精力旺盛。

长期缺乏性生活使很多农民工产生了很多不良的心理症状。其中 8 人感到非常烦躁，而 50% 的农民工对此感到很郁闷，2 人萎靡不振，4 人心神不宁，6 人为此出现性幻想。

正常的性生活是每个成年人的基本需求。在一项"当看到大街上情侣们亲密地走在一起时，您有何种感受"的调查中，24 名农民工对于亲密的情侣投去了羡慕的眼光，8 名农民工看到这样的情景感到心酸，而有 8 人对此感到嫉妒和难受。

答案无疑说明每一个农民工对性有着自己的需求，而他们又是怎样解决自己的性需求呢？70% 的农民工对此采取了"自我压抑"，有 2 名农民坦陈自己曾经为此找过"小姐"，10 名农民工选择了手淫。

农民工性需求长期无法通过正常途径满足的前提下，可想而知他们的心理上又是承受着多么大的压力。这样我们就很容易理解为什么本分、保守的农民工中会出现"临时夫妻"。所谓的"临时夫妻"本来就是有违道德的，这种情况的出现，只是一些农民工从一种心理痛苦转移到另一种心理痛苦的过程。总的来说，这种不正当的转换与宣泄，都无法摆脱他们内心的痛苦。

减轻农民工的心理压力，必须要有适当的方式。

第一，农民工要把精力放在工作中，积极学习，努力提高自身素质。如学习别人的技术和经验，汲取文化知识，培养良好的生活习惯。通过不断学习，一方面适应城市的生活和工作，另一方面提高自身的文化素质和技术实力，从而有助于改善生活和工作条件，提高工作待遇。

第二，农民工要寻求生活乐趣，丰富打工生活。要保持纯朴、坚忍的本性，加强自控力，遇到对自己不公平的事情，应学会克制，以正当的手段维护自己的合法权益。面对枯燥繁重的生活与工作，应不断调整心态，以积极的心态迎接挑战。要学会自我放松，工作之余，不妨逛公园、马路、看电影、打扑克，从而放松身心，丰富生活，保持心情开朗、乐观。

第三，农民工要保持本色，学会与人相处。工友们应彼此体谅、互相帮助，绝不可因地域不同、性格差异、利益分配导致相互排挤，甚至打斗。与老板、包工头交往时，应有理有节，不卑不亢。与城市人相处，要保持纯朴、诚实、自尊。

第四，农民工在感到心理压抑的时候，不要自己扛着，要多和旁边的朋友、老乡交流，因为沟通会减少不必要的摩擦，缓冲心中的不适。另外，也可以拨通各医院和相关部门的心理咨询热线，聊聊自己遇到的烦心事，听听专业人士的建议。

总之，我们在外务工，任何事情一个人是难以扛起来的，需要家人和整个社会的帮助。所以，在面对打不开的心结时，我们要应该善于寻求他人帮助，而非以自己的健康或他人的生命为代价。

# 6.

# 缓解工作压力，加强心理调适

富士康集团员工十几起跳楼自杀事件的曝光，一个个年轻鲜活的生命瞬间消失，引起了整个社会对新生代农民工心理状况的高度关注。2010年，中华全国总工会发出《关于进一步做好职工队伍和社会稳定工作的意见》，特别强调，要加强对青年职工特别是新生代农民工的心理疏导，关心职工的生产生活，使广大职工有尊严地生活，实现体面劳动。

新生代的农民工主要是上世纪80年代和90年代出生的，他们身心还不够成熟，面对问题有很多困惑，在工作中受到挫折后容易绝望。如果不能及时地缓解工作中的压力，加强心理调适能力，就很难走出"心理围城"。

如何加强心理调适能力,保持心理健康呢? 且看下面故事中的这位环卫工人是如何做到的。

张秀芳,一位来自河北涿鹿农村的普普通通环卫工人。但是,人们知道她的名字并不是在马路上,而是在舞台上。如果不是亲眼看见,很多人不会相信,一个"半路出家",如今已是不惑之年的环卫女工,身体的柔韧度居然可与有"童子功"的专业杂技演员相媲美。

20 年前,张秀芳像很多来到京城打工的农民工一样,她换过很多工作,所不同的是,除了工作,张秀芳总是在寻找人生的乐趣,她喜欢体育运动,始终坚持每周末在公园锻炼身体、练习拳术。

"我就是一个闲不住的人。"这是张秀芳对自己的评价。因为喜欢,她能够在制衣厂踏踏实实工作 5 年,之后因工厂迁址被迫辞职;她也曾打零工无数,但是寒来暑往,不管生活和工作中遇到什么样的困难,张秀芳晨练的身影永远都是准时出现在住所附近的公园里。

几年前,张秀芳成为环卫中心的一名清洁工。扫地的工作简单而无聊,但是她一干又是 5 年,直到出名后才离开这一岗位。为了让枯燥的工作变得有趣,张秀芳完善地将工作与运动联系在了一起,开始练习"扫帚功",从最初害怕遭人白眼,到后来潇洒自如当街表演"扫帚功",她也经历了一段虽不足为外人道,却也充满矛盾的心路历程。

"最开始,很多人遇到我都会绕着走、躲着走,这让我很不自在。但是我又没偷没抢,我凭自己的本事、靠自己的劳动吃饭,我觉得我不应该矮别人一头。"张秀芳的思想转变得很快,工作也很开心。

也是从这时开始,张秀芳下决心拜师勤学苦练棍术杂技——"开路叉"。后来，她在所学的基础上加入了自己的创新，用她工作时的日常工具——扫帚代替"开路叉"开始练习，因为这种全新的"道具"，是她工作中最亲密的"战友"。

练熟了的"武器"，换起来可没想象中的容易。因为扫把头的风阻很大，与"开路叉"的阻力和重心都有不同，张秀芳要从头练起。经过几年的练习，如今，一百六十多公分高、两公斤多重的扫帚在她手中像被施了魔法，服服帖帖地在她的颈部、背部和四肢上翩翩飞舞，张秀芳用最朴素的愿望展示着劳动之美、劳动之乐。

一个偶然的机会，张秀芳在马路上展示"扫帚功"的视频，被热心的网友发到了网上，环卫女工的"绝活"被多次点击多次转载，张秀芳出名了，被邀请上了中央电视台的星光大道。

在星光大道录制节目的过程中，张秀芳结识了担任节目评委的全国总工会文工团党委书记张景义，并由此一步一步走上了专业演员的道路……

人生的乐趣很多，关键在于我们如何去发现它。扫地的工作已经够枯燥了，张秀芳却在这个枯燥的工作岗位上舞出了精彩的人生。在她看来，任何工作都是一种乐趣，毫无压力。她之所以能做到这点，是因为她懂得如何进行心理调适，如何去享受美好的生活。

我们在工作中遇到压力时，也可以像张秀芳那样丰富自己的精神文化生活和文体娱乐生活。当我们厌倦了工作时，需要广泛涉猎各种不同类型的知识、人群和兴趣爱好以重新唤醒对人生的美好追求和生活的渴望。例如，可以做自己喜欢做的事，参加一些社交活动，向他人倾诉一下你心中的烦闷；可以通过旅游、回归大自然的怀抱以调适自己的不适心态；可以参加和坚持锻炼身体，出一身汗，让压力烟飞云散，让人的肌体彻底放松，从而消除了紧张和焦虑的心情；不妨试一试听听音乐、评书，看一点漫画笑话，尝试一下乐器、棋牌、香茶、摄影，学习一门新的外语或气功、剑术，抱一抱一个可爱的小宠物，从事一次集邮、集币、手工、编织、组装、粉刷、修理某个电器或钟表,接触一下你周围天真活泼的儿童和与他们动手一起玩一些儿童玩具,可以逛逛古玩店、书摊、农贸市场、小商品批发集市、图书馆、电影院、购物超市饱饱眼福、享享口福;还可以上网漫游、QQ交友,观看电视、足球、中外经典电影 VCD、参加或讨论股市、赛马、UFO、种花养草养金鱼,听鸟在笼子里日夜唱歌,研究棋谱、菜谱、花经、股经、六合彩,研究一门宗教或你感兴趣的任何东西。总之,给身心放个假。

不管哪一种方式,只要我们保持一颗乐观的心,总会找到一种合适于自己的心理调适方法。当我们的身心得到休息后,我们将会精力充沛,这样重新投入工作之中,才会取得更加突出的成绩。

# 第九章

## 促进社会文明建设，
## 展现自己的良好形象

# 1.

# 文明礼貌,培养良好习惯

　　随着进城农村务工人员的日益增多,农民工在城市建设发展中的地位、作用越来越重要,其城市公共生活文明素养如何,在维护公共利益、公共秩序,保持社会稳定方面的影响也越来越突出。

　　从总体上看,大多数农民工在观念上认同"爱国守法,明礼诚信,团结友善,勤俭自强,敬业奉献"的公民基本道德规范,具有较强的公德意识、公共精神和社会责任感,并能在行为层面上有所体现。但是,在现实生活中仍有相当一部分农民工社会公德失范,存在着许多缺点和弱点。如公共卫生习惯较差,随地吐痰,乱丢烟头、杂物等;在公共场所光膀子、大声喧哗、大声接听电话;在公共交通方面,翻越栏杆、随意穿行马路;乘车时,年轻人不主动给老弱病残孕让座;不爱护公共财产等。这些行为所产生的消极的负面影响,严重影响着农民工群体形象。

　　农民工城市公共生活文明素养缺失,其原因是多方面的:以往的农村公共生活比较简单,公德意识相对朴素;他们在城市公共生活空间狭窄,极大地制约了他们的社会公共行为社会化;文化素质偏低,致使其道德判断力不高,易受社会上不良习气的影响;基本生活得不到有效保障,压力较大等。

　　鉴于这些因素,提高农民工城市公共生活文明素养,除了政府和企业的正确引导外,农民工必须从自身出发,不断加强道德自律,强化公德意识外,做一个文明的城市务工者。

　　每天带上简易清理工具，备上两块电动车电池，他们风雨无阻，年复一年、日复一日地沿着那条熟悉的路线，清理街头小广告。他们的身影很熟悉，但是生活在海口这座城市里的居民并不能叫出他们的名字，只知道他们是城市"牛皮癣"的清理工。

　　这是一对来自东北的农民工夫妇，两人都姓李，几年前他们从老家辽宁营口来到海口。2007年年初，四处打散工的夫妇俩在海口某单位找到了一份工作——专门清理街头非法小广告，这一干就是两年多。他们默默地做着周而复始，看似平凡的工作。但是，这样的一组数字却不得不让人惊讶，夫妇俩两年多时间行程15万公里，清理街头小广告400余万张！有人对他们支持叫好，有人不理解甚至威胁他们。而乐观的夫妇俩认为这就是在实现自己的人生价值，他们说，有那么一天小广告没有了，他们就是失业也很高兴，因为城市干净了，更漂亮了。

　　妻子李凤英介绍，他们每天下午1点多带上清理工具出门，最早也要晚上8点多才能回家，活儿没干完还得继续接着干。她每天要铲（抹）掉街头小广告3000多张，至少要走80到100公里的路程，他们备着两块电动车电池，不然不够用，回到家又要充电了。

　　"小广告很讨厌的，特别是那些不干胶小广告，有时候铲也铲不掉，要一点点地去抠，很费时间。"李凤英说，她最恨小广告，"街头贴的小广告大多数是骗人的，不铲掉它们会害人。"

　　有一次，李凤英清理街头小广告时，一个骑摩托车的年轻人过来说她在管闲事，还对她进行威胁。李凤英并不害怕。"没有我们这些'管闲事'的人，街上都不知道成什么样子了。"李凤英严斥了贴小广告的人。

　　李凤英的家庭条件并不太好，但她觉得生活吃饱穿暖就行了，不要要求太多。"来海口6年了，就我一个人回东北老家一次。"她说，"不敢多回啊，回去一趟就要花掉半年的工资。"

　　李凤英很乐观，对自己的工作很满意，她说："如果哪一天海口街头没有人再贴小广告,我就是失业了也高兴。将来城市越来越干净,越来越漂亮,多好啊。"

多么朴实的话语,多么实际的行动,这对东北夫妻无非就做一件对社会有益的事情,甚至这只是他们的本职工作。但是,他们所做的事却能够引导我们遵守公共秩序、爱护社会环境、讲究文明礼貌。这不正是一种文明的生活方式吗?

城市容纳了我们,我们就应该融入城市,遵循城市里的行为规则、养成良好的文明卫生习惯,加强道德修养。如果依然保持着我行我素,做出一些影响城市文明的行为,那么,我们就会成为城市中的"小广告",迟早会被城市"清除"。

## 2.

## 形象塑造,学会为个人形象加分

2012 年 12 月 28 日下午 4:50,一位农民工从一辆印有"室内粉刷"logo 的工作车下来后,上了重庆 825 路公交车。这位农民工衣上沾有尘土和涂料。在他面前就有个空位,但他并没有立即坐下,而是等车辆行驶后,见没有人去坐,他才小心翼翼地在座位上坐了下来,并且只坐了一半身子。然而,这位农民工如此小心的行动,却没能躲过身边一名老太的指责。一个穿着时髦、年龄在 60 岁左右的老太太看到农民工后,皱起了眉头,只见她先将身体向车窗外倾斜,然后突然对农民工说道:"你身上这么脏,就不应该坐公交车。"该事件被网友上传到网上后,新闻里的老太太立即招来网上一片骂声。

"风尘仆仆"原本是农民工辛勤劳作的外在形象，但却被个别人解读为"影响市容"的又脏又臭，从而演绎出遭公交车拒载、拒绝与其为伍的歧视性事件。老太太的言语不仅暴露了社会公德的缺失，同时也折射出部分农民工自身的形象问题。

长期以来，由于农民工受"农民"身份和自身素质的局限，在城市大多从事体力劳动，这就决定了他们不但要承受超负荷的劳动强度，更难以规避粉末与浮尘的沾染。但是，他们为城市建设做出的贡献却是有目共睹、不容磨灭的。用"一人苦换来千家乐，一人脏换来万人洁"形容并不为过。对于农民工，只要是稍具尊重事实、不带偏见、将心比心等社会良知的人们，都一定会对他们的付出给予尊重、理解和同情。

但是，城市里生活和农村里生活还是有区别的，城市有城市的文明。城市的大街、公园、公交车、商场、饭馆等公共场所，需要每个人注意自身的仪表，维护公共卫生。你身上有泥土和涂料，会脏了别人的干净衣服，这也是不合适的。所以，既然我们进了城务工，暂时也就告别了农民的身份，我们必须转变观念，注重形象，这样才能够顺利地融入城市的生活，如果坚持一些陋习不肯放弃，就很难融入，也容易让人瞧不起。

事实上，真正的尊重农民工、给农民工尊严的，恐怕还是我们自己。只有我们自己重视自己的一言一行、一举一动，才能赢得他人的尊重。因此，当我们在繁忙的工作之时，还应注重内在和外在形象的塑造。

塑造内在和外在形象，关键要做到以下几点规范和要求：

第一，律己。要时刻做到自我要求、自我约束、自我控制、自我对照、自我反省、自我检点，规范自己的言行。

第二，敬人。这是一个对待他人的礼仪要求，就是要敬人之心常存，处处不可失敬于人，不可伤害他人的尊严，更不能侮辱对方的人格。

第三，宽容。要求我们多容忍他人，多体谅他人，多理解他人，千万不要求全责备，斤斤计较，过分苛求，咄咄逼人。比如，重庆的那位老太太，缺乏的就是包容心，从而让自己的形象受损。如果我们不能宽容别人，与那位老太太的行为有什么区别呢？同样会招来他人的责骂，说我们"没素质"。

第四，平等。即尊重交往的每一个对象、以礼相待，对任何交往对象都必须一视同仁，给予同等程度的礼遇，不允许因为交往对象彼此之间在年龄、性别、种族、文化、身份、财富以及关系的亲疏远近等方面有所不同而厚此薄彼，给予不同待遇。但可以根据不同的交往对象，采取不同的具体方法。

第五，真诚。在人际交往中，务必诚实无欺，言行一致，表里如一。只有如此，自己在运用礼仪时所表现出来的对交往对象的尊敬与友好，才会更好地被对方理解并接受。

第六，适度。为了保证取得成效，我们必须注意技巧及其规范，特别要注意做到把握分寸，认真得体。

第七，从俗。这个主要是指外在形象的塑造。当我们从农村来到城市，肯定会出现生活习惯上的很多不同，必须坚持入乡随俗，与绝大多数人的习惯做法保持一致，要在着装、打扮、谈吐、举止等方面，尽量做到适应城市和工作的要求。

现代社会的快节奏，使得我们与人的交往，往往凭第一感觉来对一个人进行评价。很多人将形象视为装扮，认为装扮好了，形象也就上来了。但是，不管如何改变，怎样提升，我们都不要忘记了自己的农民本质，我们不能因此而感到自卑，相反，我们应该引以为豪。

俗话说："路遥知马力，日久见人心。"我们不可否认第一感觉的重要性，然而我们更不能忘记了做人的根本。内外兼修，才是一个现代农民工应具备的形象要求。

3.

# 助人为乐,向需要帮助之人伸出援助之手

2012 年 7 月 30 日,中央电视台著名节目主持人崔永元在京港澳高速路附近的一家饭店宴请了 154 名农民工朋友吃饭。宴席上,崔永元说:"我认为这就是我个人在表达谢意,我自己掏腰包,不代表任何人。"

这是怎么回事呢? 故事还得从 2012 年 7 月下旬的那场大雨说起。

7 月 21 日,60 年一遇的暴雨强袭北京。那一夜,毗邻京港澳高速南岗洼段遭受严重水灾,而临近的丰台区河西再生水厂工地成了一个"安全岛",低洼处的积水最深处达 6 米。在交通中断、周边停电的情况下,154 名农民工奋不顾身,从湍急的水中成功救援了 182 名被困群众。

"晚上九点多,有人找到工地项目部求救,大呼'桥下出事了,赶快救人'。"当日值班的 28 岁工人王学爽说,因为暴雨,工地停工,大多数人正在休息。王学爽和值班同事一起立即随着前来求救的人,跑到事发地点一看,被吓了一跳。

工友们到现场后发现,因为暴雨冲垮了高速公路护堤,大量雨水涌入公路,路面水位迅速上涨。积水已经没过车顶,车边打着水花,两辆大巴车上站满了人,还有不少人泡在水里,拽着大巴车,手电的光亮照射在水面上,根本分辨不出有多少人。王学爽赶紧跑宿舍区叫工友们。

"情况十分危险,大家赶紧救人!"四川南充籍的农民工李川南听到喊声后,迅速将高速路护栏撕开一条口子,向受困人群抛出救生圈,在大巴车和高速路护栏间结起绳索,为被困的人们搭起了一条生命线。借助绳索,水性好的李川南顶着湍急的水流,一次次地从岸边游到大巴车上,将受困群众救回岸边交给工友照顾后,再一次次地游回大巴车上救人。李川南说,到底救了多少人,自己也不清楚。当时的唯一念头就是,赶紧救人,能多救一个就多救一个。当时,他的脚被高速公路的护栏扎出一个洞,一直流血都不知道。

回忆起受伤一事,李川南说:"当时一心想着救人,我也不知道是在什么时候、在哪儿受的伤。救完人后,比较累了,都凌晨四点多了,我自己当时也没感觉到痛,没发现身上有伤口。第二天上午睡了一觉醒来,才感觉身上怎么那么痛。一看,脚上受伤了,两个洞,已经化脓了。"

问起为什么要救人,李川南说:"怎么可能不救,人命关天啊!这是我们每个人的本分,人要有良心的。我们去救人的时候他们也提钱,说多少钱一个人。我们就说我们不是来要钱的,我们是来救人的。我们只是做了自己应该做的事情,而且有些事情是不能用物质来衡量的。我活了23年,这件事情是我做的最有意义的事情。"

冒着危险,工人们从东到西架起了一根大绳,跨过了这条6车道宽的高速公路,在空中搭起了一条"生命救援线"。拴绳子、游泳、救人……往返了不知道多少趟。终于,把3辆大巴车和附近的人都安全送上了岸,事后统计留下过夜的被救群众共182人。

"当时脑子里什么也没想,你看到有人哭喊的样子,不可能不去伸手救。""90后"的陈晓伟说,记得有一个刚做完手术的小伙子不能沾水,我们就用塑料板做了一个"担架",几个人把他抬回来。

令人难以置信是,参与救援的154名工人中,没有人接受过专门的救援训练。他们能在危急时刻有条不紊,迅速找到了正确的救援方法,令人充满敬意。

有网友这样说道："平时那么多人都瞧不起这些朴实的农民工，他们没有怨言。在关键时刻，他们却是我们最亲近的人，他们是这场灾难中最可爱的人！"

乐善好施，助人为乐，是中华民族的传统美德。在别人有困难，需要帮助的时候，如果我们伸出热情的双手帮助他们，不但帮人解决了难题，自己也会因此获取更大的快乐。对于广大农民工而言，这是一种道德标准，也是我们融入城市的义务。

在现今的社会公共生活中，每一个人都会遇到问题和困难，都会有需要别人帮助和关心的时候。把帮助别人当做自己应该做的事，当做自己的快乐，是每一个社会成员应有的社会公德，是极具爱心的表现，养成助人为乐的公德和习惯，将是我们一生取之不尽用之不竭的精神和财富，正所谓"赠人玫瑰，手有余香"。有很多小事让人们不足为道所以不去做，但是我们是否想过，在我们看来是很小的事情但如果在此时帮一把手，也许对于别人来说却可以称得上是解除燃眉之急？

刘丽，1980年生，安徽颍上县人，因其做洗脚妹攒下的辛苦钱捐资助学，延续了几十个穷孩子的读书梦的事迹，荣获"感动中国2010年度十大人物"，被网友称为"中国最美洗脚妹"。2011年9月20日，刘丽在第三届全国道德模范评选中荣获"全国助人为乐模范"称号。2013年2月，刘丽正式成为安徽省首位参加十二届全国人大一次会议的农民工代表。

"十多年前，我们家很穷，家里没有办法让我继续读书。"刘丽说。上学时，她的成绩很好，辍学是她永远的伤痛。原先，刘丽家里有个土坯房，一年夏天，屋子经过雨水浸泡后全部倒塌。全家人只能挤在公路边用塑料膜搭成的两个棚子中。爸爸妈妈和两个弟弟住一个，她和两个妹妹住一个。她说，当时她成绩很好，小学毕业时考了全乡第四名。当时爷爷因肝腹水去世，爸爸也患病在身。一天，父母说："你是长女，成绩好，继续上初中，妹妹退学。"刘丽挣扎了几天,还是忍痛决定把机会留给妹妹,她觉得自己不上学只是一个人的遗憾,否则,两个妹妹都失去希望。

为了能让弟弟妹妹读书,14岁的刘丽决定出去打工。刘丽外出打工的首站是武汉,每天干活16个小时,老板还不让出门,上了两个多月班没拿到工资。她和几个姐妹设法跑了出来,在警察的帮助下,才坐上返乡的车。后来,她又到淮南、江苏、北京等地打工。1999年,刘丽随亲戚来厦门打工。前两份工作持续很短时间,第三份工作迟迟没有找到,刘丽很快身无分文。刘丽认识老家几个拾荒的老太婆,只能和她们住在荒地上,而一住就是三个月。为了生存,刘丽想到了变卖及膝的长发。

2000年,看到当地足浴城在招工,刘丽带着抵制的心理去应聘了。当时,在许多人潜意识里,足浴还和"色情"联系在一起。在足浴城学了一段时间,刘丽心理上仍然无法接受,她选择了离开。后来,无处可去的刘丽又回到了足浴城。迎接她的是钻心的疼痛,工作两个多月,刘丽的手指、手腕都肿了,医生不得不给她缠上绷带。在一次次的疼痛过后,手上长出厚厚的茧,但手指关节已变形。刘丽慢慢克服了心理障碍。"为消费者提供理疗方面的保健服务,其实挺好的。"对工作的新理解让她有了动力,全力地投入其中。

到2001年,家中的经济状况有所好转。幼时的场景又不时在刘丽脑海闪过:别人的书包,自己的泪水。于是,刘丽走上了一条助学路。

"其实我最初的想法很简单,至少他们以后出门能认识WC是什么吧。"2001年,刘丽通过朋友认识了厦门市同安区一位热心教育的阿姨,开始资助同安的孩子。刘丽资助的大多是单亲或父母有重疾的穷苦孩子,除了每学期寄学费外,她自己还坐公交车、摩的到家里看他们。"他们真的很可怜,有的房子还在漏水,小孩成绩特别好,每年都得奖状,墙上贴满了奖状。看到这些小孩,我就想起自己的从前,总会一路哭回来。"刘丽说。

　　"一个洗脚妹，那么辛苦，一个月也就赚两三千元，自己省吃俭用不吃不穿的，拿去捐给别人，不是神经病，不是傻子，是什么？"在助学的过程中，刘丽听到身边人最多的话就是骂她神经病。刘丽为此挣扎过。后来，被骂多了，也就习惯了，反而内心的信念越来越清晰和坚定。郁闷的时候，刘丽就去同安看孩子，那是她最大的快乐。

　　刘丽也清楚自己的能力有限，她在博客中写道："奉献一点'爱'，伸出我们的双手，为失学的儿童找到属于他们的快乐童年！为我们身边每个需要帮助的人找到未来的光明！"在服务客人时，看到投缘的人，刘丽也会试着求助。"有一对夫妻说一个打工的都能这样做，我们也尽一份力，一下捐助了30个学生。"慢慢地，越来越多的朋友以不同方式支持着刘丽。

　　刘丽把赚来的钱几乎都资助了贫困学生，还号召数百位好心人加入她的爱心团队。虽然有人说她"傻"，但更多人认为她是中国"最美的洗脚妹"。

　　刘丽，一个瘦弱的姑娘，一副疲惫的肩膀，却有着一颗强大而善良的心，让她身上闪耀着圣洁的光芒。她是千千万万现代农民工中的模范代表，她代表着一种精神、一种品质。在无私的付出中，她从中也得到了最大的快乐。

　　事实上，助人为乐也是有利益的，当然不是物质上的利益，而是精神上的利益，是一种高尚的利益，如人道主义和思想主义的实现，奉献社会的满足，学习新事物的机会，提高技能，参与社会，自我实现，寻求情感上的慰藉，觉得自己善良，有益于人，被人需要等。我们可以通过服务认识自我，吸取人生经验，增长见识才干，使人的性格均衡成长。

　　每当我们遇到困难时，都期待着他人能伸出援助之手，为什么我们就不能援助那些需要帮助的人呢？赠人玫瑰，手有余香，帮助他人，快乐自己！

*4.*

# 遵纪守法,做一个城市好公民

我们来到一个陌生的城市,首先要做到的不是如何找一个好工作,而是如何做一个遵纪守法的好公民。当我们来到一个城市,暂时就成为了这个城市中的一员,就有责任维护城市的形象和保持社会的安稳。因为,这是我们工作的前提。

遵纪守法的具体要求有三点:一是学法、知法、守法、用法;二是遵守单位、行业纪律和规范;三是遵守社会日常行为规范。

学法、知法是守法用法的前提。首先,我们必须注意学习法律法规知识,只有知道了按照法律规定应该做什么,不应该做什么,才能使自己的行为符合法律法规的要求;其次,要树立牢固的守法意识,头脑中要时刻守住"法律"这个底线,自觉地约束自己的行为,不能做违法的事情,要依靠自己的劳动去增加自己的收入,千万不要为了钱财而锒铛入狱;再次,还要注意养成遵守法律法规的良好习惯,要严格要求自己,从小事做起,从身边的事做起,使遵守法律法规成为自己自觉的行为;最后,我们要懂得如何运用法律,当我们的合法权益受到侵害时,要寻求法律途径解决,切不可铤而走险,破坏社会治安。

遵守单位、行业纪律和规范,主要包括遵守劳动纪律;遵守财经纪律;遵守保密纪律;遵守组织纪律,其主要内容是执行民主集中制原则;遵守群众纪律,等等。这些既是岗位要求,也是道德要求。不能遵守企业、行业纪律和规范,就谈不上个人的发展。

此外,我们还要遵守社会上的一些日常行为规范,养成良好的生活习惯,树立进城务工人员的良好形象。这些行为规范和生活习惯主要有:

(1)买东西或买票都要排队,不要拥挤和插队;

(2)要有时间观念，干什么都要严格遵守时间；

(3)不要随地吐痰、乱扔垃圾，要保持环境清洁；

(4)自觉爱护公共财物，爱护树木、花草、电话亭、地下管道、垃圾箱等一切公共设施；

(5)注意文明礼貌，穿戴得体，举止得当，不要有不雅的行为；

(6)注意讲究卫生，饭前便后要洗手，饭后不要马上干重活儿；

(7)合理安排饮食，不要暴饮暴食，不要酗酒；

(8)注意使用文明用语，如"你好"、"谢谢"、"对不起"等等；

(9)交通安全要切记，熟悉交通信号、交通标志和交通标线，遵守徒步出行的规定，遵守骑车、乘车的规定；

(10)优生优育不放松，即使在外地务工也要严格执行国家的计划生育政策，农民工的子女无论是留在家乡还是来到城里，一定要接受义务教育；

(11)洁身自爱，遵守性道德，远离黄、赌、毒。

没有规矩，不成方圆。人人守法纪，事事依法纪，确保社会的安定，经济的发展，个人才能安居乐业。

遵纪守法是一个公民的立身之本，也是处世之本。道德与法律同属社会意识形态，都是人们共同生活及行为的准则和规范。法律规范是最基本的道德规范，凡法律所禁止的，一定是道德所不提倡的，凡道德倡导的行为，其必然不违背法律的精神。道德和法律的这种关系，决定了我们必须将"守法"作为公民基本道德规范的内容。只有守法，才可能成为道德高尚的人；一个不守法的人，必定是不道德的人。

当前社会的本质上是民主法治社会。在民主法治的背景下，违法乱纪就是践踏民意，危害社会。有人似乎觉得违法乱纪可以捡便宜、捞好处，所以不惜以身试法，铤而走险，甚至沾沾自喜，钻一下法纪的空子。这是一种极其危险的玩火行为。那些最终被绳之以法的人，在最初都毫无例外地抱有侥幸心理，以为可以超越于恢恢法网，乃至为自己的违背法纪而骄傲。因此，我们必须形成"以遵纪守法为荣、以违法乱纪为耻"的社会主义道德观念，让遵纪守法成为我们的荣誉。

# 5.

# 尊老爱幼，常回家看看父母儿女

　　农民工不论离自己的故土有多远，他们的心永远在故乡那一亩三分地里。在一项"如果你有两天假期，你会干什么？"的调查中，有40％的农民工选择了回家看看。这其中还有很多农民工表示两天的时间太短了，没有办法回家。据调查，有60％的农民工希望自己的妻子来工地看看，但是花费太大而无法实现。

　　一位接受调查的农民工曾经说了这样一句话："干活再累，生活再苦，我们这些人都能忍受，最不能忍受的是想家，想自己的父母和老婆、孩子"。

　　在思念家人的同时，广大农民工必定面对另一个残酷的事实：75％的农民工承认自己长期在外打工对孩子身心成长有很大的影响。很多农民工都希望自己的子女能够考上大学，脱离农村艰苦的环境，但是他们又不得不面对一个现实，长期的外出打工使得自己与子女的交流时间很少，很多子女与父母之间产生了很深的"代沟"，甚至有些孩子在无人看管的情况下，放任自流，走上犯罪的道路。

　　媒体曾报道过这样一则新闻：一位年轻母亲在浙江打工5年，半夜梦见6岁儿子，第二天，她竟独自骑着摩托车，从浙江奔走两千多公里回重庆，耗时6昼夜。一路上，她把自己装扮成男人，只喝了半瓶矿泉水、住时4小时旅馆……

　　这位"千里走单骑"的妈妈叫李春凤，回想起自己"千里走单骑"，她连连苦笑："太冲动了，太冲动了……"她说，在儿子一岁零三个月大时，自己就只身去浙江温州打工，在饭馆当服务员。

由于老公也在外打工，儿子与年迈的公婆在家相依为命。她仅每年春节回家待几天，因此跟儿子的交流很少，儿子对她的感情也比较淡。

有一天晚上，李春凤半夜做了一个梦：在一个风雨交加的晚上，卧室的窗户被大风吹开，雨水漏进屋里……儿子孤苦一人，满身是血，在雨水中跟耗子抢东西吃……她当即被吓醒，一摸额头，全是汗。李春凤明知这是一个梦，但她当时不知为什么，特别想马上回家看儿子。

第二天一大早，她给儿子所在的全托学校——黔江区蓝天留守儿童学校打电话，老师告诉她，儿子很安全，并让儿子跟她通了话。儿子跟她说的第一句话就是："妈妈，你好久没回来，我想你了。"李春凤赶紧向儿子解释："妈妈在浙江打工，要给你挣学费。"没想到，儿子"哇"的一声哭起来，说："你再不回来，我就到浙江去看你……"

挂断电话，李春凤忍不住大哭起来，当时，她心里非常冲动，就一个念头，赶紧回家看儿子。

刚好在此前一个月，她花5000元钱买了一辆二手摩托车。她没向餐馆老板请假，也没结工资，脸上挂着泪水，收拾好包袱，骑着车就往老家方向赶。

李春凤本来没有骑车回家的打算，她打工的餐馆在温州城郊，当她把车骑进城，去买车票时，才发现车没办法放。而之前，她之所以买车，也是考虑到老家的婆家和娘家相距较远，买一辆车回老家，方便串门。她就想干脆把车拿去托运，一起带回家。

可她到车站托运部咨询后得知，托运摩托车要三百多元钱，还要把车拆开。她当时很心疼钱，更想"早一点回家看儿子"。一时冲动，她也没有细想，就骑起车往重庆方向赶。不认识路，她就买了一张地图。但是，她只读了小学二年级，近年来虽一直在外打工，学了一些字，可地图上不少字还是不认识。无奈之下，她只能一路走一路问，一般都直接把地图拿给别人，让别人在地图上帮她画线路图。

为了尽快到家,李春凤不分白天黑夜赶路。但是,她毕竟是一个女性,第一天晚上天刚黑,她心里就直打鼓,害怕遇到坏人。后来,她想了一个办法女扮男装。这样,她才放下心连夜赶路。

一路上,李春凤一般每骑6小时才休息一下。白天,她就找路边的树、石头等靠着睡一觉;晚上,她就把车停在路边,趴在车上睡。只有在第三天,由于长时间在车上吹风,头疼得十分厉害,她才在一个路边药房买了一点药,花20元钱在一个旅社睡了4个小时。

由于长时间疲劳驾驶,第四天,李春凤到长沙时,遇到一个急转弯,车没有控制好,一下摔倒在地。所幸,她仅右手擦伤,伤势不严重,车也未损坏,仅挡风玻璃破损了一点儿。但由于车身比较重,她费了九牛二虎之力,才在他人的帮助下将车扶起来。

除了旅途辛劳,更让她烦恼的是上厕所。为了减少上厕所,她只好减少喝水。从浙江到黔江,全程两千多公里,她骑了6昼夜,花了250元油费,只喝了半瓶矿泉水,住了4个小时旅社,吃了19个泡泡糖。

一路上,李春凤只有一个信念:回家,看儿子。最终,她平安赶到儿子的学校,第一眼见到他,把身上仅有的一个泡泡糖喂到他嘴里,心里再也忍不住,一把搂住儿子,莫名其妙地大哭了一场。

有时,母爱迸发的力量真的是难以想象!李春凤"千里走单骑"的行为,事后看起来似乎有些冲动。但是,我们从中也看出了父母对儿女的爱和农民工对生活的几许无奈。

为了生活,我们很多人是被迫背井离乡的,很多儿童被迫成为了所谓的"留守儿童",据教育部2012年9月的数据统计,农村里的"留守儿童"已经达到两千二百多万。由于"留守儿童"多由祖辈照顾,父母监护教育角色的缺失,对留守儿童的全面健康成长造成不良影响,"隔代教育"问题在"留守儿童"群体中最为突出。

据调查显示，父母外出打工后，与"留守儿童"聚少离多，沟通少，远远达不到其作为监护人的角色要求，而占绝对大比例的隔代教育又有诸多不尽如人意处，这种状况容易导致留守儿童"亲情饥渴"，心理健康、性格等方面出现偏差，学习受到影响。"留守儿童"由于亲情缺失，心理健康方面存在阴影，很大一部分表现出内心封闭、情感冷漠、自卑懦弱、行为孤僻、性格内向，缺乏爱心和交流的主动性，还有的脾气暴躁、冲动易怒，常常将无端小事升级为打架斗殴。

作为孩子的父母，没有谁愿意自己的孩子成为"留守儿童"，但是又无法与生活抗衡。在这种两难的选择下，做父母要在条件允许的情况下多关心一下孩子，打个电话，经常回回家，这不仅仅是一种义务，更是金钱所无法代替的爱。

当我们在关爱自己儿女的同时，作为儿女的我们，是否想起过尚在农村家的年迈父母。可怜天下父母心，当我们在外务工时，最担心还是家中的父母。因此，千万不要忘记了同样留守在家的孤寡老人。

几年前，父亲患上脑炎，花光了家里的全部积蓄；随后，母亲又患了脑梗塞，左半身瘫痪，生活不能自理。在外打工的李海芳，不忍心把母亲留在家里，就带着母亲找工作。"要雇俺就让俺带着娘！"这是25岁的山东临沂费县美丽女孩李海芳找工作的唯一条件。这个"特殊条件"吓跑了不少招工单位，这些企业认为她不能专心干活。

经历了无数次的拒绝，但李海芳没有放弃自己的坚持，她的孝心终于打动了一家板材厂的老板，这位老板不仅给李海芳提供了工作，还给李海芳母女俩在厂子里提供了一间单身宿舍。打工的地方离家只有15里路，李海芳也经常回去看望父亲。

在板材厂，李海芳并没有像其他老板所想象的那样不能专心干活，正好相反，因为感恩，她十分珍惜自己的工作，每天早上6点左右服侍母亲上厕所、洗脸、吃饭，然后提前到隔壁的厂房里工作,工作十分出色。

带母务工毕竟是特殊情况,大部分农民工的父母留守在老家,依然过着清贫的日子,还有些年迈的父母要承担起孙辈的抚养任务。他们很辛苦,他们任劳任怨,他们毫无怨言。因此,我们千万不要回家探望父母,尽一尽儿女的孝心。

除此之外,还有一些农民工背井离乡,别妻离夫,由于环境的转换和两地分居,他们的爱情和婚姻也经受着种种考验。所以,因外出打工而两地分居的夫妻,平时要多交流沟通,出外打工者不仅要满足家庭成员物质上的需求,还要注意在精神上多关心另一半,比如,经常打电话、发短信说说自己的近况,询问家里的情况,回家时给爱人买些小礼物。而留守在家的一方也可以多去探望,体贴爱人的辛苦。

外出务工是为了家庭,如果家庭因外出务工变得不在温暖,甚至不复存在了,务工还有什么意义呢? 有首歌唱得好:“常回家看看”。常回家看看吧,回家的意义永远大于挣钱的意义。家才是我们永远的港湾!

## 1. 测试：你适合做什么样的工作

(1)你何时感觉最好？

a. 早晨

b. 下午及傍晚

c. 夜里

(2)你走路喜欢

a. 大步地快走

b. 小步地快走

c. 不快,仰着头

d. 不快,低着头

e. 很慢

(3)和人说话时,你：

a. 手臂交叠站着

b. 双手紧握着

c. 一只手或两手放在臀部

d. 碰着或推着与你说话的人

e. 玩着你的耳朵、摸着你的下巴或用手整理头发

(4)坐着休息时,你：

a. 两膝盖并拢

b. 两腿交叉

c. 两腿伸直

d. 一腿蜷在身下

(5)碰到令你发笑的事情时,你的反应是:

a. 欣赏地大笑

b. 笑着,但不大声

c. 轻声地笑

d. 羞怯地微笑

(6)当你去一个聚会或社交场合时,你:

a. 很大声地入场以引起注意

b. 安静地入场,找你认识的人

c. 非常安静地入场,尽量保持不被人注意

(7)当你非常专心工作时,有人打断你,你会:

a. 欢迎他

b. 感到非常恼怒

c. 在上述两极端之间

(8)下列颜色中,你最喜欢哪一种颜色?

a. 红色或橘黄色

b. 黑色

c. 黄色或浅蓝色

d. 绿色

e. 深蓝色或紫色

f. 白色

g. 棕色或灰色

(0)临入睡的前几分钟,你在床上的姿势是:

a. 仰躺,伸直

b. 俯卧,伸直

c. 侧躺,微蜷

d. 头睡在一条手臂上

e. 被子盖过头

(10)你经常梦到自己:

a. 落下

b. 打架或挣扎

c. 找东西或人

d. 飞或漂浮

e. 平常不做梦

f. 梦都是愉快的

**得分标准：**

(1) a2　b4　c6

(2) a6　b4　c7　d2　e1

(3) a4　b2　c5　d7　e6

(4) a4　b6　c2　d1

(5) a6　b4　c3　d5

(6) a6　b4　c2

(7) a6　b2　c4

(8) a6　b7　c5　d4　e3　f2　g1

(9) a7　b6　c4　d2　e1

(10) a4　b2　c3　d5　e6　f1

**答案解析：**

总分低于 21 分：

内向的悲观者。大多数公司不喜欢这类性格。

21～30 分：

缺乏信心的挑剔者。适合编辑、会计等数字和稽核工作。

31～40 分：

以牙还牙的自我保护者。有最广泛的适应性。

41～50 分：

平衡的中道者。适合人力资源工作。

51～60 分：

吸引人的冒险家。适合市场开发与销售工作，适合独当一面。

60 分以上：

傲慢的孤独者。通常很有才华,但与人沟通功夫欠佳,可做研发指导工作。

## 2. 农民工进城务工指南

准备工作：

(1)基本条件要符合

进城务工人员应达到法定劳动年龄,即年满 16 周岁,并且要有劳动能力。

要具备必要的职业技能,无论从事技术工作还是简单工作,都应接受岗前培训。

要具备独立承担民事责任的能力,并且不因外出务工而影响承担的法律责任和义务。

(2)必要证件要带好

①有效居民身份证。

②16 至 49 周岁的育龄妇女还必须办理《流动人口婚育证明》,持本人身份证,以及 1 寸照片 2 张,如果已经结婚,就要带上结婚证,向户口所在地的村委会申请办理《婚育证明》。

③毕业证或学历证明。

④能证明自己特殊身份的证件,如转业军人证、复员军人证等。

⑤外出之前,最好带一些 1 寸和 2 寸的免冠照片,以便进城之后办理一些必要证件时使用。

(3)务工的必要素质

①身体素质是前提。身体是革命的本钱,体弱多病的人尽量不要外出务工,外出务工要为你和你家庭的幸福着想,请务必注意自己的健康情况。

②专业技能是保障。没有一技之长,就只能做一些简单劳动,不仅辛苦,收入也低;而有了一技之长,找工作就相对容易得多,而且报酬也较

高。如果暂时没有一技之长,也不要担心,国家劳动部门为进城务工的农民工提供了各种岗前培训,只要勤奋肯学,就能多多受益。

③心理素质是关键。进城务工往往会遇到各种各样的挫折,这就会引发自卑感、怯懦感,甚至对抗心理。这些不良心理不仅影响自己的工作和生活,也会影响自己的身心健康。因此,在进城务工之前,一定要做好吃苦受累和战胜各种困难的心理准备。

(4)职业培训不能少

①基本技能培训,让你具有一技之长。在基本技能培训中,你可以根据自己的情况,选择掌握不同行业、不同工种、不同岗位的技能培训,如车工、电工、装饰装修工、花卉园艺工、护理工、厨师、家用电子产品维修工等等。

②政策、法律法规培训,让你了解国家方针,通过培训,你将了解国家对农民进城务工的基本方针,增强遵纪守法的意识,学会运用《劳动法》《合同法》《职业病防治法》《治安管理处罚条例》等法律法规来保护自身合法权益。

③安全常识和公民道德规范培训,让你适应城市生活。学习劳动安全、交通安全及公共道德、职业道德、城镇生活常识等,能够让进城务工者养成良好的公民道德意识,更好地融入城市生活。

(5)进城务工的渠道

①从当地的劳动就业服务机构获取信息。

②老乡、亲友的介绍。

③用人单位直接到当地招用。

④通过报纸、刊物、广播、电视、网络等途径来获得进城务工的信息。

如何就业:

找到一份工作是农民工朋友进城就业的重要目的。每一行业和不同工作对从业者都有不同的素质要求,工作没有高低贵贱之分,选择适合自己的工作很重要。

(1)职业介绍

合法的职业介绍机构分为三种类型:

①各级劳动保障部门举办的公共职业介绍机构。这是公益性服务机构,对城乡劳动者都提供免费服务,包括政策咨询、就业信息、就业指导等。

②其他部门或社会团体举办的社会职业机构。这也是非营利性的服务机构。

③各类民办的职业介绍所。这是以营利为目的的,一般收费较高。

(2)谨防骗局

进城就业,一定要增强自我保护意识,警惕不法分子以介绍工作为名的欺骗行为。

①国家政策要记牢。国家明文规定,取消针对农民工进城就业的不合理收费,如暂住费、劳动力调节费、外地务工经商人员管理服务费等。

有关部门在办理农民工进城务工就业和企业用工手续时,除按照国家有关规定收取证书工本费外,不得收取任何其他费用,例如体检费、证件代管费、工作推荐费等。证书工本费最高不得超过5元。有关部门和组织为外出或外来务工人员提供经营性服务的收费必须符合"自愿,有偿"的原则。

②广告不能太轻信。对每个招聘广告都要反复审视,一个真实的招工广告一定都注明:用工单位的名称、地点、名额、工种条件、一般报酬等。如果用人单位名称、地点不详、招聘名额过多或过少,条件不明,报酬过高等,对此类广告要慎重对待。

③选择职介要明智。不要去非法的劳务市场,要到正规的职业介绍机构。

④了解单位要慎重。即使你接到录用通知也不要高兴过早,应该到用工单位进行实地考察,看该单位的情况是不是与你先前所知道的相符,也可以通过查阅资料、向熟人打听等方法,从侧面了解该单位的合法性、从事什么生产或经营活动,如果发现有疑点,就不要轻易到该单位工作。

(3)求职技巧

目前,城市招用农民工较多的工作大多是:建筑、装修、餐饮娱乐、家政服务、服装加工等,请正确把握自己的知识、技能、体质等条件,选择一份合适的工作。

①从事建筑业,如砖瓦工、抹灰工、混凝土工、钢筋工、木工、油漆工、设备起重工、打桩工等,一般需要从工者必须是年轻力壮、没有疾病的人。同时,还应具有安全第一的意识,工作胆大心细,掌握建筑工艺中的一种或几种技能。

②从事室内装修业,如木工、门窗工、油漆工、抹灰工、管工、电工等,一般需要具有较高的技术技能,2年以上的专业训练或操作经历;了解各类装饰材料性质、用途、使用方法;掌握室内装修的工艺过程;掌握安全操作技术规程,以及防毒、防炎的常识;室内装修业的各个工种。

③从事餐饮业,如餐厅经理、厨师、饭店服务员、食品售货员、送餐员、原料采购、洗碗工等,一般需要从业者身体健康,有强烈的服务意识、卫生意识,对于服务员还要求五官端正、言语流畅。

④从事修理业,如电器修理、机动车与人力车修理、钟表眼镜修理、上下水管道修理以及皮鞋、雨伞、皮包等物品的修理等,都需要一定的专业知识和娴熟的修理技术以及诚信为奉的服务态度。

⑤从事家政服务业,如照看婴儿、接送孩子、照顾老人和病人、洗衣做饭、打扫卫生等,需要从业人员身体健康,品德良好,耐心细致,善于沟通。

⑥从事服装加工业,如在服装加工厂或个体服装店工作,都需要从工者不能有色盲、色弱等缺陷,四肢动作灵巧、手脚动作协调性要好,掌握一定的基本技能。

⑦从事美容美发业,如美容师和美发师,需要从业者具有熟练的相关技能,还要有较高的审美能力、创造想象力。

⑧从事保安工作,如在企事业单位、机关、学校或大型商场、居民社区等工作,需要从业人员身体强壮,有法律常识,有强烈的责任心和正义感,敢于同坏人坏事做斗争。

(4)自主创业

来到城市的农民兄弟还可以在国家法律和政策允许的范围内,从事个体工商经营,开办自己的企业。自主创业需要具备一定的条件。

①具有相应的素质。

②具有必要的资金。

③具有从事经营或生产的基本设施和工具。

④一般还要有一个固定的经营或生产的场所。

如果你具有这些条件,就可以到工商部门注册登记,接受审查和考核,领取营业执照,开办你自己的私营企业。

(5)就业误区

①挑肥拣瘦。

②这山望着那山高。

③缺乏自信。

④对金钱过分迷恋。

(6)做一名合格的员工

在就业竞争异常激烈的今天,找到一份工作固然不容易,要保住份工作则更难。因此,要做一名爱岗敬业的合格员工。

(1)自我维权

《劳动法》第三条的规定,劳动者享有以下权利:

①平等就业和选择职业的权利。

②取得劳动报酬的权利。

③休息休假的权利。

④获得劳动安全卫生保护的权利。

⑤接受职业技能培训的权利。

⑥享受社会保险和福利的权利。

⑦提请劳动争议处理的权利。

⑧法律规定的其他劳动权利,如组织和参加工会的权利等。

除了享有以上各项权力外,进城务工者还应当履行以下基本义务:

①遵守国家计划生育政策。

②遵守国家法律法规和城市管理条例。

③维护公共秩序,遵守社会公德。

④爱护公共财产,维护国家利益。

⑤依法纳税。

（2）侵权行为

①用人单位克扣或无故拖欠工资。

②强行加班加点，却不付给延长工作时间的工资报酬。

③用人单位没有为就业者配备必要的劳动防护用具和劳动保护设施。

④女工和未成年工得不到特殊劳动保护。

⑤务工者患职业病、因工受伤、致残甚至死亡后，用人单位逃避责任。

⑥用人单位的内部规章制度与国家法律法规冲突。

⑦用人单位收取抵押金，扣押进城就业者的有效证件。

⑧随意辞退或开除务工者等等。

（3）维权方式

①法律武器要掌握。进城务工者尤其应该了解一些跟务工密切相关的法律知识，例如《劳动法》、《合同法》、《违反和解除劳动合同的经济补偿办法》等。这样才能清楚地了解务工者应享有的权利和应承担的义务，以及用人单位侵犯务工者合法上权益后应承担的法律责任、如何处理劳动争议等内容。

②劳动合同必须签订。避免自己合法权益受到侵犯的另一个重要措施就是签订劳动合同。务工者应当按照劳动合同的必备条款与用人单位进行仔细协商，避免可能侵犯自己正当利益的条款，并兼顾双方利益。当自己的合法权益受到侵犯时，千万不能意气用事，也不要忍气吞声，要积极与用人单位协商解决问题，协商不成再通过仲裁以至法律手段保护自己的正当权益。

（4）劳动合同

劳动合同的内容可以分为两个部分：必备条款和补充条款。

必备条款包含以下八个方面的内容：

①劳动合同的期限，就是合同开始的时间和结束的时间。

②工作内容，规定劳动者在该单位做什么工作。

③劳动保护和劳动条件，如建筑工人应该发放安全帽等。

④劳动报酬，也就是工资。

⑤劳动纪律。

⑥规定劳动合同终止的条件。

⑦违反劳动合同时,双方应该负的责任。

⑧特殊条款,由于某地劳动合同的特殊性,法律要求某一种或某几种劳动合同必须具备的条款。例如,中外合资经营企业和私营企业的劳动合同中应该包括工时和休假的条款:如果因为用人单位的原因签订了不平等的劳动合同之后,对劳动者的权益造成了侵害,用人单位应当承担法律责任。

补充条款也叫做商定条款,是双方当事人在签订合同时互相商量定下的条款。补充条款是法律赋予双方当事人的自由权利,但是,补充条款的约定不能与国家的法律法规相抵触,不能危害国家、其他组织或个人的权益。

如果用人单位执意不肯签订劳动合同,务工者可以向用人单位所在地区的劳动行政部门反映情况,由劳动行政部门督促用人单位与务工者签订劳动合同。一些务工者到用人单位时没有签订劳动合同,但是务工者与用人单位之间还是存在事实上的劳动关系。在工作过程,如果务工者的正当权益受到侵害,仍然有权向用人单位索取赔偿。

劳动合同可以单方面依法解除,也可以双方协商解除。

根据《劳动法》第25、26条的规定,用人单位在出现下列情况时可以单方面解除劳动合同:

①劳动者在试用期间被证明不符合录用条件的。

②劳动者严重违反劳动纪律或者用人单位的规章制度的。

③劳动者严重失职,营私舞弊,对用人单位利益造成重大损害的。

④被依法追究刑事责任的。

⑤劳动者患病或非因工负伤,医疗期满后,不能从事原工作也不能从事由用人单位另行安排的工作的。

⑥劳动者不能胜任工作,经过培训或者调整工作岗位,仍不能胜任工作的。

⑦劳动合同订立时所依据的客观情况发生重大变化,致使原劳动合

同无法履行,经当事人协商不能就变更劳动合同达成协议的。

用人单位在上述⑤、⑥、⑦三种情况下解除劳动合同,应当提前30天书面通知劳动者本人。提前以书面形式通知劳动者,可以使其有一段寻找新工作的时间。在规定的情况下,应当依法向劳动者支付定的经济补偿金。

为保护劳动者的劳动权,《劳动法》第29条规定,在下列情况下用人单位不得解除劳动合同:

①劳动者患职业病或者因工负伤并被确认丧失或者部分丧失劳动能力的。

②劳动者患病或者负伤,并且在规定的医疗期内的。

③女职工在孕期、产期、哺乳期内的。

④正在担任平等协商代表的。

⑤法律、行政法规规定的其他情形。

解除劳动合同并非用人单位单方面的权利。务工者如果不愿意在用人单位继续工作,也是可以解除劳动合同的。通常解除劳动合同,劳动者也应当提前30天以书面形式通知用人单位。但是在以下情况下,务工者不需要提前通知用人单位,就可以随时解除劳动合同:

①在试用期内的。

②用人单位以暴力、威胁或者非法限制人身自由的手段强迫劳动的。

③用人单位没有按照劳动合同约定支付劳动报酬或者提供劳动条件的。

(5)社会保险

社会保险是国家通过立法建立的,对劳动者和其生、老、病、死、伤、残、失业以及发生其他生活困难时,给予物质帮助的制度。就业者参加社会保险,就可以在发生生活困难时获得物质帮助,也可保证个人及家庭的正常生活。

社会保险包括"四险",即四种保险:

①养老保险。

②工伤保险。

③医疗保险。

④失业保险。

(6)劳动争议应解决

解决劳动争议的办法有四种：

①与用人单位协商解决。一般劳动争议如果能够协商解决最好，协商解决不成再想其他途径。

②协商没有解决的，向劳动争议调解委员会申请调解。劳动争议调解委员会一般设在企业工会委员会。

③调解没有解决的，向劳动争议仲裁委员会申请仲裁。仲裁委员会的办事机构一般设在县、市、区的劳动局。

④仲裁没有解决的，向法院提起诉讼。这有两种情况，一是务工者如果对仲裁裁决不服，可以从收到仲裁裁决之日起 15 日内向法院提起诉讼。二是如果用人单位在收到仲裁裁决之日起 15 日内未向法院提起诉讼，并且逾期不履行仲裁裁决的，劳动者可以向法院申请强制执行。

生活细节要注意：

(1)常用电话请记牢

为了方便群众对一些紧急情况，全国统一设有些特殊电话，这些电话都是免费的，如匪警电话 110、火警电话 119、急救电话 120 等。

(2)银行存储很方便

在城镇务工挣钱不容易，为避免被盗或丢失，除去必要的消费支出和寄回家的钱之外，应该将剩余的钱存到银行。一定要妥善保管好自己的存折和储蓄卡，记住账号和密码，不要随便告诉他人。如果存折或储蓄卡丢失，必须带上身份证尽快去银行挂失。

(3)女性务工要注意

身为女性，在外地务工，会遇到很多与男性不同的问题，也很容易受到人身伤害，或是上当受骗。这里特别提醒女性务工者，要注意保护自己的人身安全。

(4)孩子教育不能丢

在举家外出务工前应该慎重考虑孩子的教育问题。如果家里有人照顾孩子,可以让孩子在家乡接受教育。父母要注意勤写书信、勤打电话、勤捎礼物到家里,让孩子感受到父母的温暖,这对于孩子的心理健康发展非常重要。如果将孩子带进城,也要想方设法让孩子上学,而不能让孩子到处玩耍流浪。除了让孩子接受正规的教育外,还要注意做好家庭教育。务工生活比较艰苦,但孩子最需要的关心和疼爱不能缺少,这是孩子健康成长不可缺少的条件。

(5)暂时受挫莫灰心

到城镇后,有可能会遇到暂时找不到工作的情况,这时也不必过分慌张。在暂时找不到工作的情况下特别要注意两个问题:一是不要立即回家,而要冷静地分析原因,以积极的态度,寻找新的工作机会;二是千万不可以从事一些违法乱纪的活动,使自己遗憾终身。

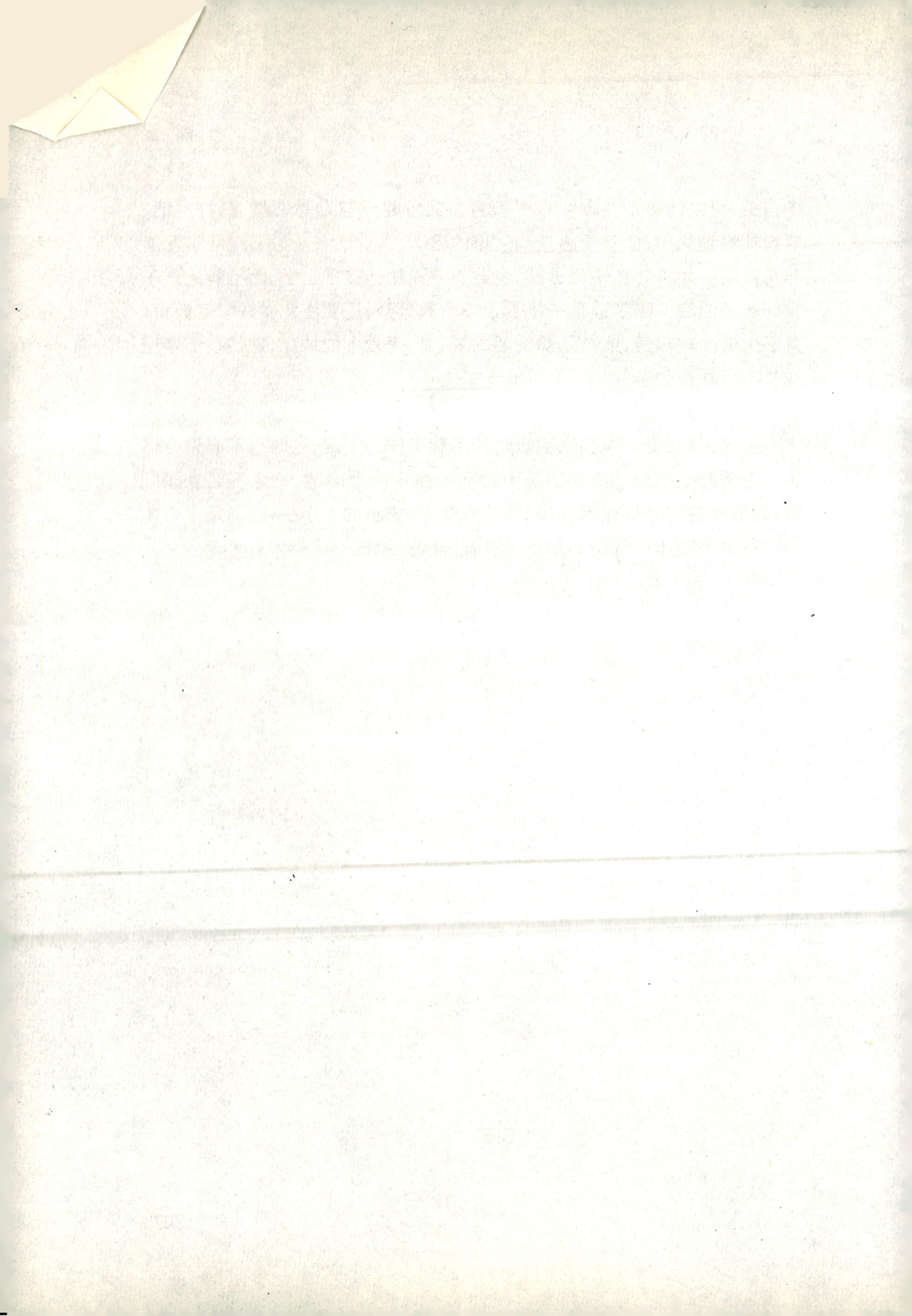